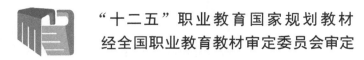

"十二五"职业教育国家规划教材

经全国职业教育教材审定委员会审定

单片机技术及应用

苑　毅　郝立元　主　编

金　杰　副主编

U0256595

電子工業出版社

Publishing House of Electronics Industry

北京 · BEIJING

内 容 简 介

本书以国内最流行的 MCS-51 单片机的硬件和软件的设计为背景，以汇编语言为基础，引入项目教学法，通过丰富的项目实例，由浅入深地介绍了 51 系列单片机的基础知识及应用开发技术。

本书主要内容包括：认识单片机及其开发工具、制作单片机输出控制电路、MCS-51 单片机及其指令系统、制作 LED 数码管显示电路、制作 LED 点阵显示电路、外部中断系统的应用、定时器/计数器的应用、A/D 转换电路的应用、串行通信口的应用等。全书通过 19 个典型的单片机技能实训以期达到读者对各个知识点的深入学习和掌握，并具有初级单片机应用系统制作与开发能力。

本书适合中等职业学校电工电子、机电、电气自动化、通信、工业工程、仪器仪表等专业作为教材使用，也可作为单片机爱好者的自学参考书。

图书在版编目（CIP）数据

单片机技术及应用 / 苑毅，郝立元主编. —北京：电子工业出版社，2015.8

ISBN 978-7-121-26874-8

Ⅰ. ①单… Ⅱ. ①苑… ②郝… Ⅲ. ①单片微型计算机—中等专业学校—教材 Ⅳ. ①TP368.1

中国版本图书馆 CIP 数据核字（2015）第 181810 号

策划编辑：杨宏利
责任编辑：杨宏利　　特约编辑：李淑寒
印　　刷：北京虎彩文化传播有限公司
装　　订：北京虎彩文化传播有限公司
出版发行：电子工业出版社
　　　　　北京市海淀区万寿路 173 信箱　邮编　100036
开　　本：787×1 092　1/16　印张：12.5　字数：320 千字
版　　次：2015 年 8 月第 1 版
印　　次：2024 年 8 月第 13 次印刷
定　　价：28.00 元

凡所购买电子工业出版社图书有缺损问题，请向购买书店调换。若书店售缺，请与本社发行部联系，联系及邮购电话：（010）88254888，88258888。

质量投诉请发邮件至 zlts@phei.com.cn，盗版侵权举报请发邮件至 dbqq@phei.com.cn。

本书咨询联系方式：（010）88254592，bain@phei.com.cn。

前　　言

本书采用项目教学，以强调"基本功"为基调，通过制作项目学习理论知识，通过学习知识点指导实训，充分体现理念和实践的结合，提高了学生学习单片机技术的兴趣。随着电子技术和单片机技术的迅速发展，教学改革的不断深入及教学手段日益丰富，使得教材部分内容需要更新，为此对该教材进行了修订，以适应新的职业教育教学改革方向，适应变化的需要。

本书秉承了以强调基本功为基调，强调"先做再学、边做边学"的教学理念和教学模式，以汇编语言作为编程语言，在内容与结构上做了增删与调整，主要包括以下几个方面：

（1）以知识点应用命名，每个项目在结构上分为"项目基本知识"和"项目技能实训"两部分，并增加了技能实训的内容和数量。例如将"制作数字时钟"改为"定时器/计数器的应用"，其中项目基本知识主要介绍 MCS-51 单片机定时器/计数器的结构及使用方法，技能实训在原有基础上增加了"制作 1 秒定时闪烁电路"实训内容，使整个项目的学习由浅及深、由简单到复杂，更加符合学生的认知及技能形成规律。

（2）以前将 MCS-51 单片机的指令系统分散到各项目中介绍。为了学习和查询方便，本次在项目三对 MCS-51 单片机的指令系统进行了详细介绍，教学中教师可以集中讲解，在各个项目中再对用到的相关指令做重点介绍。

（3）虽然各公司生产的 51 单片机引脚和指令系统都是兼容的，但宏晶科技有限公司的 STC 系列单片机是通过串行通信口下载程序的，其所使用的下载线电路简单，与单片机应用系统目标板连线数量少，目前市场占有率较高，因此本书将原来在教学中普遍使用的电路 AT89S51 单片机更换为 STC89C52RC 单片机，并专门在项目一中增加了 STC 系列单片机下载线的制作，所制作的下载线可用于本书实例。

本书由兰州文理学院苑毅和郝立元任主编，郑州市电子信息工程学校金杰任副主编。苑毅编写了项目一到项目三，郝立元编写了项目六、七、八、九，金杰编写了项目四、五以及对全书程序做了验证。

尽管编者对本书的编写做了很大努力，但疏漏不当之处在所难免，恳请广大读者提出宝贵意见，以使本书更臻完善。

编　者
2015 年 7 月

目　　录

项 目 一

认识单片机及其开发工具

随着科技的发展，单片机渗透到我们生活的各个领域，几乎所有的电子和机械产品中都含有单片机，如家用电器、电子玩具、电脑以及鼠标等电脑配件中都配有单片机。复杂的工业控制系统中有数百台单片机在同时工作。因此，单片机的学习、开发与应用显得尤为重要。

知识目标

（1）了解单片机的基本结构。

（2）掌握单片机中的数制。

（3）熟悉单片机最小应用系统的组成。

技能目标

（1）掌握 MCS-51 单片机的外部引脚及其功能。

（2）了解单片机开发系统的常用工具。

（3）掌握 Keil C 开发软件的安装与使用方法。

项目基本知识

知识一　认识单片机

随着电子技术的发展，电子设备、仪器的智能化水平越来越高，而且越来来多的家用电器具备了"自动"、"智能"、"电脑"和"微电脑控制"等功能，如全自动洗衣机、智能冰箱、电脑万年历、微电脑控制电磁炉等。这些"自动"、"智能"和"电脑控制"是怎么回事？又是如何实现的呢？

事实上，能够实现这些功能全是单片机的功劳，下面我们就先来认识一下单片机吧。

一、单片机及单片机应用系统

1. 单片机

大家都使用过计算机，我们知道计算机最主要的部分就是主板了。主板就是一块电路板，在这块电路板上有 CPU、存储器、时钟等，还有很多接口电路，以便和各种设备连接。如果把这些组成计算机的基本部件集成在一块集成电路上就构成了单片微型计算机。

单片微型计算机，简称单片机，它是把组成微型计算机的各功能部件：中央处理器（CPU）、随机存取存储器（RAM）、只读存储器（ROM）、I/O 接口电路、定时器/计数器、中断系统

以及串行通信接口等部件制作在一块集成芯片上，构成一个完整的微型计算机。单片机既是一个微型计算机，也是一块集成电路，如图1-1所示。

| STC89C52RC | AT89S51 | AT89S52 | AT89C2051 |

图1-1 各种单片机实物图

单片机广泛应用在测控系统、智能仪表、机电一体化产品等领域，以及家用电器、玩具、游戏机、声像设备、电子秤、收银机、办公设备、厨房设备等智能民用产品中。单片机控制器的引入，不仅使产品的功能大大增强，性能得到了提高，而且获得了良好的使用效果。

单片机的应用从根本上改变着传统的控制系统设计思想和设计方法。以往由继电器接触器控制，模拟电路、数字电路实现的大部分控制功能，现在都能够使用单片机通过软件的方式来实现，这种以软件取代硬件并能够提高系统性能的微控制技术，随着单片机应用的推广普及，不断发展，日益完善。因此，了解单片机，掌握其应用及开发技术，具有划时代的意义。

2. 单片机应用系统

在各类电子产品中，利用单片机实施控制的系统称为单片机应用系统。单片机应用系统由硬件系统和软件系统两部分组成，二者缺一不可，如图1-2所示。

硬件是应用系统的基础，软件则是在硬件的基础上对其资源进行合理调配和使用，从而完成应用系统所要求的任务，软件是单片机应用系统的灵魂。

由于单片机体积小、功耗低、价格便宜而可靠性高，可以嵌入电子产品中，构成嵌入式应用系统。各领域中的单片机应用系统如图1-3所示。

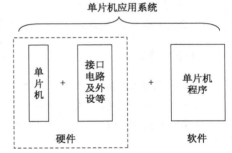

图1-2 单片机应用系统

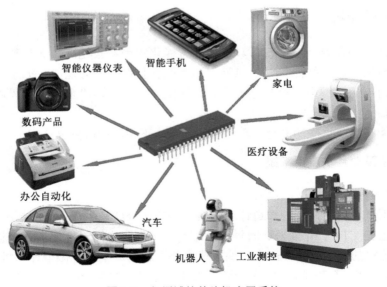

图1-3 各领域的单片机应用系统

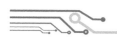
二、单片机中的数制

所谓数制，就是利用符号和一定的规则进行计数的方法。在日常生活中，人们习惯的计数方法是十进制数，而数字电路中只有两种电平特性，即高电平和低电平，这也就决定了数字电路中使用二进制。

1．十进制

十进制数大家应该都不陌生，它的基本特点如下。

（1）共有 10 个基本数码：0、1、2、3、4、5、6、7、8、9。

（2）逢十进一，借一当十。

2．二进制

二进制数的基本特点如下。

（1）共有两个基本数码：0、1。

（2）逢二进一，借一当二。

十进制数 1 转换为二进制数是 1B（这里用后缀 B 表示二进制数）；十进制数 2 转换为二进制数时，因为已到 2，则进 1，所以对应的二进制数为 10B；十进制数 3 为 10B+1B=11B，4 为 11B+1B=100B，5 为 100B+1B=101B。依次类推，当十进制数为 255 时，对应的二进制数为 11111111B。

从上面的过程可以看出，当二进制数转换成十进制数时，从二进制数的最右一位数起，最右边的第一个数乘以 2 的 0 次方，第二个数乘以 2 的 1 次方，……，依次类推，把各结果相加就是转换后的十进制数。例：

$$11010B=1\times2^4+1\times2^3+0\times2^2+1\times2^1+0\times2^0=16+8+0+2+0=26$$

3．十六进制

二进制数太长了，书写不方便并且很容易出错，转换成十进制数又太麻烦，所以就出现了十六进制。

十六进制数的基本特点如下。

（1）共有 16 个基本数码：0、1、2、3、4、5、6、7、8、9、A、B、C、D、E、F。

（2）逢十六进一，借一当十六。

十进制数的 0～15 表示成十六进制数分别为 0～9，A，B，C，D，E，F，其中 A 对应十进制数 10，B 对应 11，C 对应 12，D 对应 13，E 对应 14，F 对应 15。为了和十进制数相区分，我们一般在十六进制数的最后加上后缀 H，表示该数为十六进制数，如 BH，46H 等。这里的字母不区分大小写。

可能大家这时会有疑问，为什么要使用十六进制呢？要回答这个问题，我们先讨论下面一个问题。

一个 n 位二进制数共有多少个数？

1 位二进制数共有 0、1 两个数。

2 位二进制数共有 0、1、10、11 四个数。

3 位二进制数共有 0、1、10、11、100、101、110、111 八个数。

4 位二进制数共有 0、1、10、11、100、101、110、111、1000、1001、1010、1011、1100、1101、1110、1111 十六个数。

……

所以一个 n 位二进制数共有 2^n 个数。

一个 4 位二进制数共有十六个数，正好对应十六进制的十六个数码，这样一个 1 位十六进制数和一个 4 位二进制数正好形成一一对应的关系。而在单片机编程中使用最多的是 8 位二进制数，如果使用 2 位十六进制数来表示将变得极为方便。

关于十进制数、二进制数和十六进制数之间的转换，我们要熟练掌握 0～15 之间的数的相互转换，并且要牢记于心。二进制、十进制和十六进制中 0～15 的数的对应关系见表 1-1。表中的二进制数不足 4 位的均补 0。

表 1-1　二、十、十六进制数的对应表

十进制	二进制	十六进制	十进制	二进制	十六进制
0	0000	0	8	1000	8
1	0001	1	9	1001	9
2	0010	2	10	1010	A
3	0011	3	11	1011	B
4	0100	4	12	1100	C
5	0101	5	13	1101	D
6	0110	6	14	1110	E
7	0111	7	15	1111	F

我们在进行单片机编程时常常会碰到其他较大的数，这时我们用 Windows 系统自带的"计算器"，可以非常方便地进行二进制数、八进制数、十进制数、十六进制数之间的任意转换。首先打开"附件"中的"计算器"，单击菜单【查看】→【科学型】，其界面如图 1-4 所示。然后选择一种进制，输入数值，再单击需要转换的进制，即可得到相应进制的数。

图 1-4　Windows 自带的计算器界面

三、MCS-51 单片机简介

以 8051 为核心的单片机，统称为 MCS-51 单片机，简称 51 单片机。MCS-51 系列单片机是 Intel 公司于 1980 年推出的 8 位高档单片机，其系列产品包括基本型 8031/8051/8751/8951，80C51/80C31；增强型 8052/8032；改进型 8044/8744/8344。其中，80C51/80C31 采用 CHMOS 工艺，功耗低。

MCS-51 系列单片机应用广泛，资料丰富，因此本书主要以 MCS-51 单片机为例来介绍单片机的基本知识。但由于 Intel 公司主要致力于计算机 CPU 的研究和开发，所以授权一些厂商以 MCS-51 系列单片机为内核生产各自的单片机，这些单片机统称 MCS-51 单片机，它们与

MCS-51 单片机兼容，同时功能也有所增强，其中最具代表性的是 ATMEL 公司的 AT89S51 和 AT89S52 单片机，宏晶公司的 STC89C51RC 和 STC89C52RC，它们均采用 Flash 存储器作为 ROM，读写速度快，擦写方便，尤其具备 ISP（In-System Programming，在系统可编程）功能，性能优越，成为市场占有率高的产品。由于 STC 单片机使用串口下载程序，下载线电路简单，与单片机系统连接方便，因此在本书的实例中除特殊说明外均采用宏晶公司的 STC89C52RC 单片机作为控制芯片。

1. MCS-51 单片机的基本结构

MCS-51 单片机内部结构框图如图 1-5 所示。

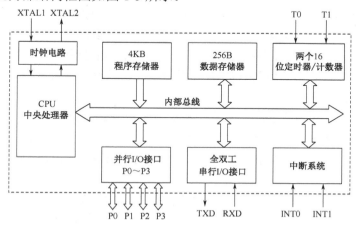

图 1-5　MCS-51 单片机结构框图

MCS-51 单片机（51 子系列）内部主要包括由运算器和控制器组成的中央处理器、4KB 的程序存储器、256B 的数据存储器、两个 16 位的定时器/计数器、4 个 8 位并行 I/O 接口、1 个全双工的串行 I/O 接口、中断系统等。

2. MCS-51 单片机的引脚及功能

各类型 MCS-51 系列单片机的端子相互兼容，用 HMOS 工艺制造的单片机大多采用 40 端子双列直插（DIP）封装，当然，不同芯片之间的端子功能会略有差异，用户在使用时应当注意。

MCS-51 单片机是高档 8 位单片机，但由于受到集成电路芯片引脚数目的限制，所以有许多引脚具有第二功能。MCS-51 单片机的引脚和实物如图 1-6 所示。

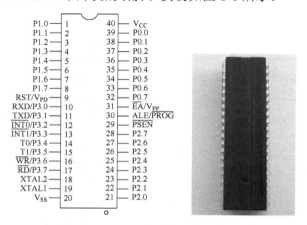

图 1-6　MCS-51 单片机引脚和实物图

MCS-51 的 40 个引脚大致可以分为电源、时钟、I/O 口、控制总线几个部分，各引脚功能如下。

1）电源引脚（V_{CC} 和 V_{SS}）

V_{CC}：电源输入端，作为工作电源和编程校验。

V_{SS}：接共用地端。

2）时钟振荡电路引脚（XTAL1 和 XTAL2）

在使用内部振荡电路时，XTAL1 和 XTAL2 用来外接石英晶体和微调电容，振荡频率为晶振频率，振荡信号送至内部时钟电路产生时钟脉冲信号。在使用外部时钟时，用于外接外部时钟源。

3）控制信号引脚（RST/V_{PD}，ALE/$\overline{PROG}$，$\overline{PSEN}$ 和 $\overline{EA}$/V_{PP}）

RST/V_{PD}：RST 为复位信号输入端。当 RST 端保持两个机器周期以上的高电平时，单片机完成复位操作。V_{PD} 为内部 RAM 的备用电源输入端。当电源 V_{CC} 一旦断电或者电压降到一定值时，可以通过 V_{PD} 为单片机内部 RAM 提供电源，以保护片内 RAM 中的信息不丢失，且上电后能够继续正常运行。

ALE/$\overline{PROG}$：ALE 为地址锁存信号。访问外部存储器时，ALE 作为低 8 位地址锁存信号。$\overline{PROG}$ 为 8751 内部 EPROM 编程时的编程脉冲输入端。

$\overline{PSEN}$：外部程序存储器的读选通信号，当访问外部 ROM 时，$\overline{PSEN}$ 产生负脉冲作为外部 ROM 的选通信号。

$\overline{EA}$/V_{PP}：$\overline{EA}$ 为访问程序存储器的控制信号。当 $\overline{EA}$ 为低电平时，CPU 对 ROM 的访问限定在外部程序存储器；当 $\overline{EA}$ 为高电平时，CPU 对 ROM 的访问从内部 0～4KB 地址开始，并可以自动延至外部超过 4KB 的程序存储器。V_{PP} 为 8751 内 EPROM 编程的 21V 电源输入端。

4）I/O 口引脚（P0、P1、P2 和 P3）

P0 口：第一功能是作为 8 位的双向 I/O 口使用，第二功能是在访问外部存储器时，分时提供低 8 位地址和 8 位双向数据。在对 8751 片内 EPROM 进行编程和校验时，P0 口用于数据的输入和输出。

P1 口：8 位准双向 I/O 口。

P2 口：第一功能是作为 8 位的双向 I/O 口使用，第二功能是在访问外部存储器时，输出高 8 位地址 A8～A15。

P3 口：第一功能是作为 8 位的双向 I/O 口使用，在系统中，这 8 个引脚又具有各自的第二功能，见表 1-2。

表 1-2　P3 口的第二功能

P3 口	第 二 功 能	功 能 含 义
P3.0	RXD	串行数据输入端
P3.1	TXD	串行数据输出端
P3.2	$\overline{INT0}$	外部中断 0 输入端
P3.3	$\overline{INT1}$	外部中断 1 输入端
P3.4	T0	定时／计数器 T0 的外部输入端
P3.5	T1	定时／计数器 T1 的外部输入端
P3.6	$\overline{WR}$	外部数据存储器写选通信号
P3.7	$\overline{RD}$	外部数据存储器读选通信号

议一议：

（1）试讨论在你的生活中，有哪些有关单片机的应用？

（2）查阅各种单片机的说明手册，不同单片机机型的结构、引脚及功能有何不同之处？

（3）查阅各种单片机的使用手册，讨论一下不同类型单片机使用上的异同。

知识二　认识常用单片机开发工具

工欲善其事，必先利其器。单片机本身不具备自主开发能力，必须借助开发工具编制、调试、下载程序。下面就来认识一下单片机常用开发工具。

一、仿真器

所谓仿真，就是采用可控的手段来模仿单片机应用系统中的 ROM、RAM 和 I/O 端口等，可以是软件仿真，也可以是硬件仿真。

软件仿真主要是通过计算机软件来模拟运行，用户不需要搭建硬件电路就可以对程序进行调试验证。

硬件仿真就是将仿真器的一端连接到计算机上，代替了单片机的功能，另一端通过仿真头连接到单片机应用系统的单片机插座上，如图 1-7 所示。通过仿真器用户可以对程序的运行进行控制，如单步、设置断点、全速运行等。

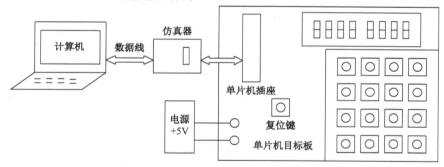

图 1-7　仿真器与计算机、目标板的连接

仿真器硬件仿真具有直观性、实时性和调试效率高等优点。常见的仿真器如图 1-8 所示。

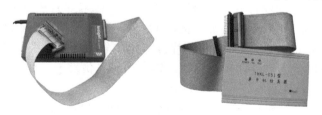

图 1-8　常见的仿真器

仿真器大多价格昂贵。由于单片机一般都可以反复烧写数千次，在学习单片机开发时，可以采用软件仿真，反复烧写、实验来达到调试的目的。

二、编程器

程序编写完成后经调试无误，就可以编译成十六进制或二进制机器代码，烧写入单片机

的程序存储器中，以便单片机在目标电路板上运行。将十六进制或二进制机器代码烧写入单片机程序存储器中的设备称为编程器（俗称烧写器）。图 1-9 所示为常见的编程器。

图 1-9　常见的编程器

三、ISP 下载线

ISP（In-System Programming）意为"在系统可编程"，是指将程序烧写到单片机的程序存储器时，不需要将单片机从目标板上拔出，而是通过专用的 ISP 下载线对单片机程序进行烧写，也就是将计算机上编译好的 HEX 文件下载到单片机的程序存储器中运行。常见的 ISP 下载线如图 1-10 所示。

（a）串口 STC 单片机下载线　　　　　（b）USB 口 AT 单片机下载线

图 1-10　常见的 ISP 下载线

使用 ISP 下载线烧写程序，要求单片机必须支持 ISP 功能，并在目标电路板上留出与上位机的接口（ISP 插座），就可以通过 ISP 下载线实现对单片机内部存储器的改写。

下载线电路简单、成本低、适合自制，是单片机学习和开发过程中非常实用的工具。

注意：早期的单片机一般不支持 ISP 功能，不能使用 ISP 下载线，如 AT89C51、AT89C52等，现在的单片机大多支持 ISP 功能，如 AT89S51、AT89S52、STC89C52 等。

四、Keil C 开发软件简介

单片机开发中除必要的硬件外，同样离不开软件，随着单片机开发技术的不断发展，从普遍使用汇编语言到逐渐使用高级语言开发，单片机的开发软件也在不断发展，Keil 软件是美国 Keil Software 公司出品的 51 系列兼容单片机 C 语言软件开发系统，Keil C51 软件是目前众多单片机应用开发的优秀软件之一，它集编辑、编译、仿真于一体，支持汇编、PLM 语言和 C 语言的程序设计，界面友好，易学易用。

Keil 提供了包括 C 编译器、宏汇编、连接器、库管理和一个功能强大的仿真调试器等在内的完整开发方案，通过一个集成开发环境（μVision）将这些部份组合在一起。掌握这一软件的使用对于使用 51 系列单片机的爱好者来说是十分必要的，其方便易用的集成环境、强大的软件仿真调试工具能够达到事半功倍的效果。

议一议：

（1）在开发可编程芯片时编程器起什么作用？

（2）查阅有关仿真器、编程器、ISP 下载线的资料，讨论如何掌握这三者的使用知识。

项目技能实训

技能实训一 制作单片机最小应用系统

实训目的

（1）掌握单片机最小应用系统的构成。
（2）掌握电源、时钟和复位电路的构成。

实训任务

制作一个单片机应用系统，P2 口作为输出口驱动 8 个 LED。

实训内容

一、单片机最小应用系统简介

单片机最小应用系统是指维持单片机正常工作所必需的电路连接。早期的单片机（如 8031）内部没有程序存储器，必须在其外部另外连接一块程序存储器才能构成最小应用系统。对于片内含有程序存储器的单片机，将时钟电路和复位电路接入即可构成单片机最小应用系统，该系统接通电源、配以相应的程序就能够独立工作，完成相应的功能。

STC89C52RC 内部集成有中央处理器、程序存储器、数据存储器及输入/输出接口电路等，只需很少的外围元件将时钟和复位电路连接完成，即可构成单片机最小应用系统。如图 1-11 所示，其中 31 脚（$\overline{EA}$）接高电平。

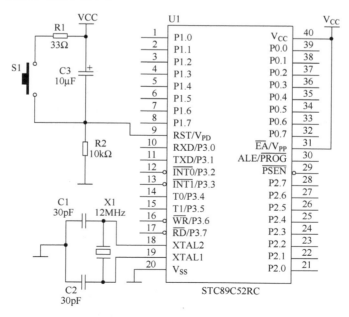

图 1-11 单片机最小应用系统

1. 电源

电源为整个单片机系统提供能源。单片机的 40 脚（V_{CC}）接电源+5V 端，20 脚（V_{SS}）接电源地端。

2. 时钟电路

单片机时钟电路是单片机的核心部分，为单片机内部各功能部件提供一个高稳定性的时钟脉冲信号，以便为单片机执行各种动作和指令提供基准脉冲信号。单片机内部有一个用于构成振荡器的高增益放大器，19 脚（XTAL1）和 18 脚（XTAL2）分别是此放大器的输入端和输出端，所以只需要在片外接一个晶振便构成自激振荡器。图 1-11 中的晶振 X1 和电容 C1、C2 与单片机内部电路构成单片机的时钟电路。晶振两端的电容一般选择为 30pF 左右，这两个电容对频率有微调的作用，晶振的频率范围可在 1.2～24MHz 之间选择，常使用 6MHz 或 12MHz，在通信系统中则常用 11.0592MHz。为了减少寄生电容，更好地保证振荡器稳定、可靠地工作，振荡器和电容应尽可能安装得与单片机芯片靠近。

3. 复位电路

使单片机内各寄存器的值变为初始状态的操作称为复位。例如复位后单片机会从程序的第一条指令运行，避免出现混乱。

单片机复位的条件：当 9 脚（RST）出现高电平并保持两个机器周期以上时，单片机内部就会执行复位操作。复位包括上电复位和手动复位，如图 1-12 所示。上电复位是指在上电瞬间，RST 端和 V_{CC} 端电位相同，随着电容的充电，电容两端电压逐渐上升，RST 端电压逐渐下降，完成复位；手动复位是指在单片机运行中，按下 RESET 键，RST 端电位即为高电平，完成复位。

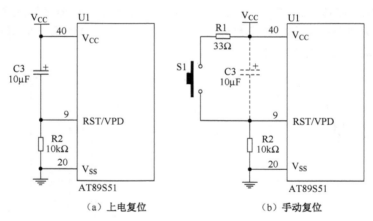

图 1-12　上电复位和手动复位

二、制作单片机最小应用系统

前面介绍的单片机最小应用系统没有执行器件，即使有程序运行我们也看不到运行结果。为了能够看到单片机程序的运行结果，我们在单片机的最小应用系统的基础上，在 P2 口连接 8 只发光二极管，通过程序控制 8 只 LED 产生流水灯的效果。另外，为了方便向单片机内部程序存储器下载程序，在电路板上增加 ISP 下载接口。

流水灯电路原理图如图 1-13 所示。单片机使用 ATMEL 公司的 AT89S51，后面将使用这个电路介绍 AT89S51 单片机程序烧写的方法，其中 J1 为 ISP 下载线插座，通过连接下载线可

以更新单片内程序存储器中的程序。

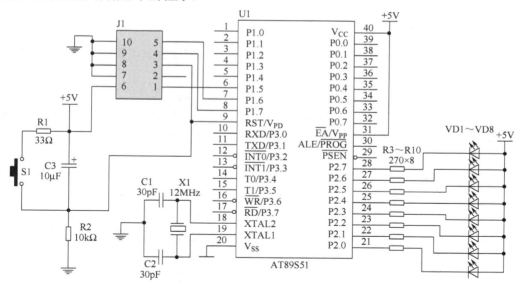

图 1-13　流水灯电路原理图

2. 焊接电路

建议读者在万能板上插装焊接这个电路，这样既可以更好地理解单片机最小应用系统，又可以充分掌握单片机"跑"起来的基本条件。流水灯电路装接图如图 1-14 所示。

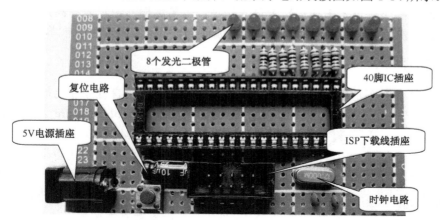

图 1-14　流水灯电路装接图

注意：单片机一般不直接焊接在电路板上，应先焊接一个 40 脚的 IC 插座，再将单片机插在该插座上。

电路焊接完成并检查无误后，就可以编写程序了。

技能实训二　集成开发软件 Keil C 的基本操作

实训目的

（1）了解程序设计语言。
（2）掌握 Keil C 开发软件的基本操作。

实训内容

一、程序设计语言简介

单片机编程过程中主要使用的语言有三种，分别是机器语言、汇编语言和高级语言。

1. 机器语言

由二进制数字"0"和"1"组成，是单片机可以直接识读和执行的二进制数字串。如指令：0111010100110000010101，表示给片内数据存储器 30H 单元传送立即数 55H。但由于机器语言过于抽象，编写中容易出错，在编程中基本上是不使用的。

2. 汇编语言

由助记符构成的符号化语言，其助记符大部分为英语单词的缩写，方便记忆。如指令：MOV 30H, #55H，表示给片内数据存储器 30H 单元传送立即数 55H。由此可以看出，使用汇编语言编写单片机程序相对于机器语言其易读性大大增加，比较直观，较易掌握，并且由于编写的程序直接操作单片机内部寄存器，所以生成的机器语言程序精简，执行效率高。但需要记忆助记符及指令，例如 MCS-51 单片机共有 111 条指令，并且不同公司、不同类型的单片机其指令系统有所不同，不具有移植性。汇编语言编写的程序不能直接被单片机执行，需要翻译（即汇编）成机器语言程序。

3. 高级语言

高级语言是由语句组成的，较之汇编语言，更符合语法规则。编写单片机程序的高级语言有 C 语言、C++语言。如语句 a=0x55;，表示将十六进制数 55H 赋给变量 a，a 的地址由编译器自动分配。高级语言不需要记忆大量的指令，容易掌握，编程效率高，尤其是编写的程序便于移植。高级语言编写的程序也必须经过编译成机器语言程序才能被单片机执行。

二、集成开发软件 Keil C 的基本操作

无论是汇编程序还是高级语言程序，都必须编译成机器语言程序才能被单片机识读和执行。Keil 软件是美国 Keil Software 公司出品的目前最流行、最优秀的开发 MCS-51 系列单片机的编译软件之一，如图 1-15 所示，它提供了包括 C 编译器、宏汇编、连接器、库管理和一个功能强大的仿真调试器等在内的完整开发方案。掌握这一软件的使用对于使用 51 系列单片机的爱好者来说是十分必要的。

图 1-15 Keil 软件

下面我们通过编写前面所制作的电路的程序，即控制 8 只 LED 产生流水灯的效果，来学习 Keil 软件新建工程、新建文件、程序编写、调试及编译等基本操作。

1. Keil 软件工作界面

双击桌面上的 Keil μVision3 图标，启动软件，如图 1-16 所示。在 Keil 软件界面的最上面是菜单栏，包括了几乎所有的操作命令；菜单栏的下面是工具栏，包括了常用操作命令的快捷按钮；界面的左边是工程管理窗口，该窗口有五个标签：Files（文件）、Regs（寄存器）、Books（附加说明文件）、Functions（函数）和 Templates（模板），用于显示当前工程的文件

结构、寄存器和函数等。如果是第一次启动 Keil，相应窗口和标签都是空的，如果不是第一次启动，Keil 会自动打开上一次关闭时的工程。

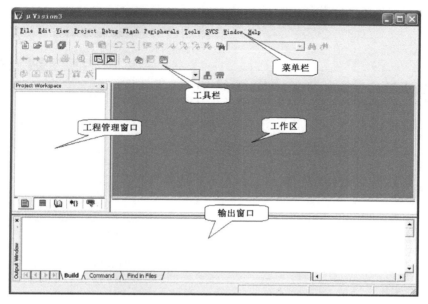

图 1-16　Keil 软件工作界面

2．新建工程文件

在项目开发中，仅有一个源程序是满足不了需求的，还要为项目选择 CPU，确定编译、连接的参数，指定调试的方式，编译之后也会自动生成一些文件，所以一个项目往往包含多个文件，为管理和使用方便，Keil 引入了 Project（工程）这一概念：将这些参数设置和所需的所有文件都放在一个工程文件中，当然最好为每一个工程建一个专用文件夹用于存放所有文件。新建工程的方法如下。

单击菜单【Project】→【New Project】，如图 1-17 所示。在弹出"Create New Project"对话框中，选择保存路径，并在"文件名"文本框中输入工程的名字（例如 led），不需要输入扩展名，如图 1-18 所示。

图 1-17　New Project 菜单

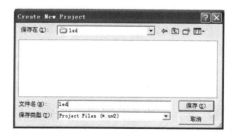

图 1-18　保存工程文件

单击"保存"按钮，便会弹出第二个对话框，要求选择 CPU 型号，如图 1-19 所示。Keil支持的 CPU 很多，按照公司名分类，单击"ATMEL"前面的"+"号，展开该层，可以选择AT89C5X 系列或 AT89S5X 系列，这里我们选择"AT89S51"，然后再单击"确定"按钮，回

到主界面。此时，在工程管理窗口的文件页中，出现了"Target 1"（目标），前面有"+"号，单击"+"号展开，可以看到下一层的"Source Group1"（源程序组），这时的工程还是一个空的工程，里面什么文件也没有，如图 1-20 所示。

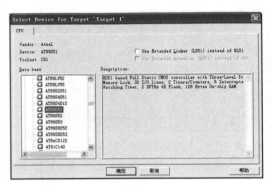

图 1-19　选择目标 CPU 对话框

图 1-20　建立完成后的工程

3．工程的设置

工程建立好以后，还要对工程进行进一步的设置，以满足要求。

首先在"Target 1"上单击鼠标右键，弹出如图 1-21 所示的快捷菜单。接着单击"Options for Target 'Target 1'"选项，即出现对工程设置的对话框。

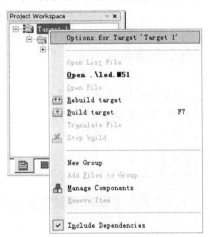

图 1-21　"Target 1"快捷菜单

工程设置对话框可谓非常复杂，共有 10 个页面，要全部搞清可不容易，好在绝大部分设置项取默认值就行了。下面对其中两个页面简要说明。

（1）设置对话框中的 Target 页面，如图 1-22 所示，Xtal 后面的数值是晶振频率值，默认值是所选目标 CPU 的最高可用频率值，对于我们所选的 AT89S51 而言是 24MHz，该数值与最终产生的目标代码无关，仅用于软件模拟调试时显示程序执行时间。正确设置该数值可使显示时间与实际所用时间一致，一般将其设置成与你的硬件所用晶振频率相同，如果没必要了解程序执行的时间，也可以不设，这里设置为 12.°。

（2）设置对话框中的 Output 页面，如图 1-23 所示，这里也有多个选项，其中 Creat Hex file 用于生成可执行代码文件（可以用编程器写入单片机芯片的 HEX 格式文件，文件的扩展名为.hex），默认情况下该项未被选中，如果要烧录单片机做硬件实验，就必须选中该项，这一点是初学者易疏忽的，在此特别提醒注意。选中 Debug Information 将会产生调试信息，这些信息用于调试，如果需要对程序进行调试，应当选中该项。Browse Information 是产生浏览信息，该信息可以用菜单【View】→【Browse】来查看，这里取默认值。

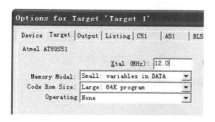

图 1-22　对目标进行设置

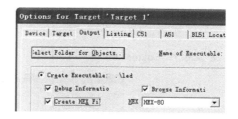

图 1-23　对输出进行设置

工程设置对话框中的其他页面与 C51 编译选项、A51 的汇编选项、BL51 连接器的连接选项等有关，这里均取默认值，不做任何修改。

4. 建立并保存源文件

单击菜单【File】→【New】或单击工具栏中的新建文件按钮 ，即可在工程窗口的右侧打开一个新的文本编辑窗口，如图 1-24 所示。在输入源程序之前，建议首先保存该空白文件，因为保存后，在输入程序代码时，其中的关键字、数据等会以不同的颜色显示，这样会减少输入错误的机会。单击菜单【File】→【Save】或单击工具栏中的保存按钮 ，弹出 "Save As" 对话框，如图 1-25 所示。在 "文件名" 文本框中输入文件名，同时必须输入正确的扩展名（汇编语言源程序以.asm 为扩展名，C 语言源程序以.c 为扩展名），输入 "led.asm"，然后单击 "保存" 按钮。

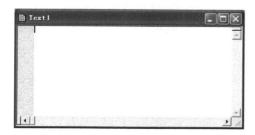

图 1-24　文本编辑窗口

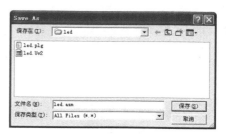

图 1-25　另存为对话框

5. 添加源程序到工程中

在工程管理窗口的文件页，在 "Source Group 1" 上单击鼠标右键，弹出如图 1-26 所示的快捷菜单。接着单击 "Add Files to Group 'Source Group 1'" 选项，我们发现在出现的对话框中没有任何文件，原因是下面的文件类型默认为 "C Source file（*.c）"，即只显示 C 语言文件，这时需要单击文件类型右边的列表框，选择 "Asm Source file"，即汇编语言文件，然后选中 "led.asm" 文件，如图 1-27 所示，单击 "Add" 按钮，将文件添加到工程中，然后单击 "Close" 回到主界面。

我们注意到在 "Source Group 1" 文件夹中多了一个子项 "led.asm"，如图 1-28 所示。这时就可以在文本编辑窗口中输入程序了。

图 1-26 "Source Group 1" 快捷菜单

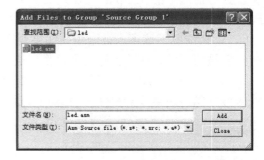

图 1-27 添加源文件对话框

图 1-28 "Source Group 1" 文件夹

6. 输入程序

在文本编辑窗口中输入如下程序：

```
ORG 0000H
LJMP START
START:  MOV A,#7FH
MAIN:   MOV P1,A
        LCALL DELAY
        RR A
        LJMP MAIN
DELAY:  MOV R0,#0FFH
LOOP2:  MOV R1,#0FFH
LOOP1:  DJNZ R1,LOOP1
        DJNZ R0,LOOP2
        RET
```

现在不用理解每条指令的含义，只要按照格式输入即可，所有指令的字母不区分大小写。

7. 程序编译

在设置好工程，输入程序后，即可进行编译、连接。选择菜单【Project】→【Build target】，对当前工程进行连接，如果当前文件已修改，软件会先对该文件进行编译，然后再连接以产生目标代码；如果选择【Rebuild All target files】将会对当前工程中的所有文件重新进行编译

然后再连接，确保最终生产的目标代码是最新的，而【Translate】项则仅对该文件进行编译，不进行连接。

以上操作也可以通过工具栏按钮直接进行。图 1-29 所示是有关编译、设置的工具栏按钮，从左到右分别是：编译、编译连接、全部重建、停止编译、下载到闪存和对工程进行设置。

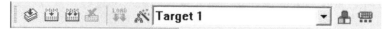

图 1-29　有关编译、连接、工程设置的工具栏

编译过程中的信息将出现在输出窗口中的 Build 页中，如果源程序中有语法错误，会有错误报告出现，双击该行，可以定位到出错的位置，可对源程序进行修改，编译成功后会得到如图 1-30 所示的结果，自动生成名为 led.hex 的文件，该文件就是可以被编程器或 ISP 下载线读入并写到单片机中的文件，同时还产生了一些其他相关文件，可被用于 Keil 的仿真与调试，这时可以进入下一步调试的工作。

```
Build target 'Target 1'
linking...
Program Size: data=9.0 xdata=0 code=47
creating hex file from "led"...
"led" - 0 Error(s), 0 Warning(s).
   Build   Command   Find in Files
```

图 1-30　正确编译、连接之后的结果

图 1-30 中，我们看到信息输出窗口中显示的是编译过程及编译结果。其含义如下：

创建目标 'Target 1 '

正在连接……

程序大小：数据存储器=9.0 外部数据存储器=0 代码=47

正在从"led"创建 hex 文件……
工程"led"编译结果-0 个错误，0 个警告。

如果编译过程中出现了错误，双击错误信息，可以看到 Keil 软件自动定位到错误的位置，并在代码行前面出现一个蓝色的箭头，对源程序进行修改之后，最终会得到正确的编译结果。

技能实训三　向单片机写入程序

实训目的

（1）熟悉各种编程器和下载线。
（2）掌握利用编程器烧写程序的方法。
（3）掌握利用下载线下载程序。

实训内容

向单片机写入程序又称程序烧写，是指将编译好的程序（一般为 HEX 或 BIN 文件）写入单片机的程序存储器中。对于支持 ISP 在线下载的单片机既可以通过编程器完成烧写，也可以通过 ISP 下载线来完成。

一、使用编程器烧写程序

下面以 Easy PRO 80B 型号的编程器为例介绍程序烧写的过程。其过程见表 1-3。

表 1-3 使用编程器烧写程序的过程

步骤	操 作 说 明	操作示意图
1	接通直流电源，用 USB 连接线将编程器连接到计算机的 USB 口，将 AT89S51 器件按方向要求插入万用 IC 插座并锁紧，如右图所示	
2	运行编程器随机附带的编程软件"EasyPRO Programmer"，未调入文件时所有单元的值均为"FF"，如右图所示	
3	选择所要烧写的器件的型号。单击界面右侧的"选择"按钮，弹出"选择器件"对话框，如右图所示。在"类型"列表中选择"MCU"（微控制单元，即单片机），在"厂商"列表中选择"ATMEL"，在"器件"列表中选择"AT89S51"。单击"选择"按钮完成器件选择	
4	单击工具栏的"打开"按钮，选择将要写入单片机程序存储器的 HEX（或者 BIN）文件，弹出如右图所示的对话框，单击"确定"按钮	

续表

步骤	操作说明	操作示意图
5	调入文件后如右图所示，有数据的单元会显示具体数据	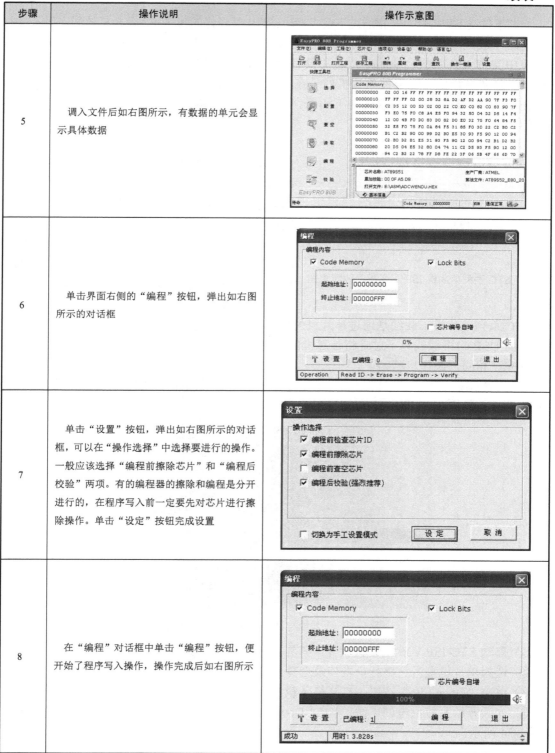
6	单击界面右侧的"编程"按钮，弹出如右图所示的对话框	
7	单击"设置"按钮，弹出如右图所示的对话框，可以在"操作选择"中选择要进行的操作。一般应该选择"编程前擦除芯片"和"编程后校验"两项。有的编程器的擦除和编程是分开进行的，在程序写入前一定要先对芯片进行擦除操作。单击"设定"按钮完成设置	
8	在"编程"对话框中单击"编程"按钮，便开始了程序写入操作，操作完成后如右图所示	

二、使用下载线下载程序

所谓下载线下载程序，是指通过下载线将计算机中编译好的程序写入单片机的程序存储器中。

使用下载线下载程序要求单片机必须支持 ISP 下载功能。目前市场上最常用的 MCS-51 单片机中支持 ISP 下载功能的单片机主要有深圳宏晶公司的 STC 系列单片机和 ATMAL 公司的 AT 系列单片机，这两种单片机由于在下载中使用的引脚和传输协议不同，也就决定了它们使用的下载线及上位机软件均不相同。下面对这两种单片机下载线的连接和下载过程进行介绍。

1. STC 系列单片机的 ISP 下载

STC 系列单片机的 ISP 下载使用的是单片机的串行通信口，下载线和目标板的连接相对简单，图 1-31 是 STC 系列单片机的 ISP 下载线引线配置图。

图 1-31 中的 ISP 下载线插座是一个 4 针的插座，和目标板相连的有 4 根线，分别是 V_{CC}，G_{ND}，单片机的 P3.0（串行接收引脚）、P3.1（串行发送

V_{CC}	1	□
P3.0	2	○
P3.1	3	○
GND	4	○

图 1-31　STC 系列单片机 ISP 下载线引线配置图

引脚）。

STC 系列单片机下载线是通过单片机的串行口实现下载程序的，因此下载线只有串口的，市面上的 USB 口下载线只不过是将计算机的 USB 口虚拟成串行口使用，下载方法和所用上位机软件完全相同，操作步骤如下。

① 用数据线将单片机目标板和下载线连接好，同时用串口线将下载线和计算机串口 COM1 连接，如图 1-32 所示。

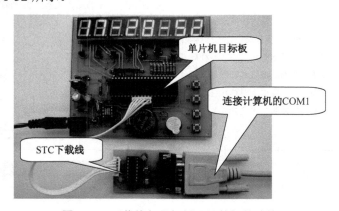

图 1-32　下载线与目标板及计算机的连接

② 启动 STC-ISP V35 上位机软件，其界面如图 1-33 所示。

③ 选择单片机型号、串行口端口及选择最高波特率。

④ 单击"Open File"按钮，打开待下载的 HEX 文件。

⑤ 先断开给系统供电的电源，单击"Download/下载"按钮，出现与单片机建立握手提示，如图 1-34 所示。

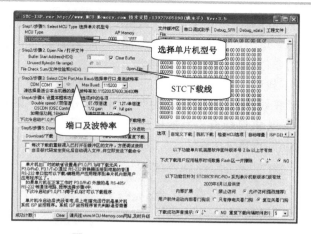

图 1-33　STC-ISP V35 软件界面

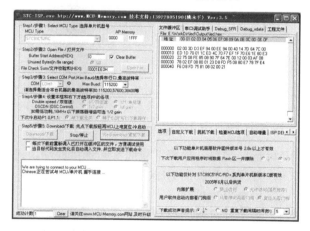

图 1-34　与单片机握手连接界面

⑥ 这时给系统上电，如果通信正常，即可将程序写入单片机的程序存储器中。

2. AT 系列单片机的 ISP 下载

AT 系列单片机的 ISP 下载使用的通信口与 STC 系列单片机不同。图 1-35 是一种 AT 系列单片机常用的 ISP 下载线引线配置图。

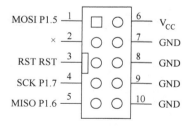

图 1-35　AT 系列单片机 ISP 下载线引线配置图

图 1-35 中的 ISP 下载线插座是一个 10 针的插座，其中和目标板相连的有 6 根线，分别是 V_{CC}，GND，单片机的 P1.5、P1.6、P1.7 和 RST 脚。例如下载线定义为 MOSI 的引脚和目标板上单片机的 P1.5 相连。

注意：有些下载线的接线顺序可能与此不同，这时需要调整引线。

　　目前市场上流行的下载线有串行口下载线和 USB 口下载线。串行口下载线下载程序时，需要专门给目标板加上+5V 电源，由于计算机的 USB 口能够提供+5V 电源，所以 USB 口 ISP 下载线下载程序一般不需要再给目标板接+5V 电源。

1）串口 ISP 下载线下载程序

下面以下载软件电子在线 ISP 编程器 2.0 为例说明串口下载线下载程序的方法。

① 连接好下载线和单片机目标板，目标板加上+5V 电源。

② 启动电子在线 ISP 编程器 2.0 软件，如图 1-36 所示。

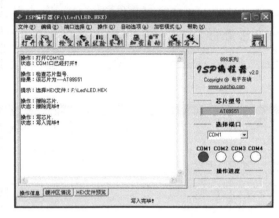

图 1-36　电子在线 ISP 编程器 2.0 界面

③ 选择单片机型号及串行口端口，根据下载线实际连接的端口进行设置。

④ 单击"打开"按钮，打开待下载的 HEX 文件。

⑤ 单击"鉴别"按钮，检查单片机型号。

⑥ 单击"擦除"按钮，将单片机程序存储器中原有内容擦除。

⑦ 单击"写入"按钮，将打开的文件下载到单片机程序存储器中。

也可以设置好自动选项后，单击"自动"按钮完成程序的擦除和写入。

2）USB 口 ISP 下载线下载程序

下面以下载软件 PROGISP 软件为例说明 USB 口下载线下载程序的方法。

① 用数据线将单片机目标板、下载线和计算机连接好，如图 1-37 所示。

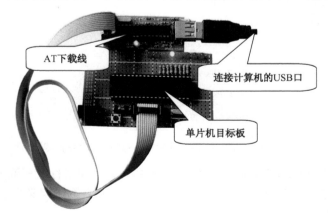

图 1-37　下载线与目标板及计算机的连接

② 启动 PROGISP 软件，如图 1-38 所示。

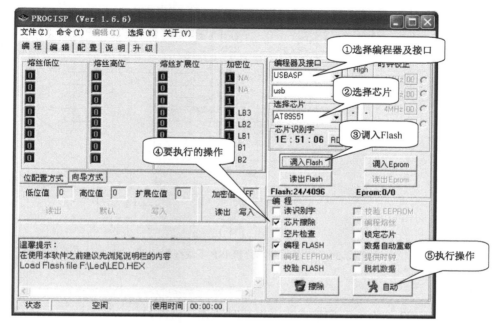

图 1-38　PROGISP 界面

③ 选择编程器及接口，并选择芯片。

④ 单击"调入 Flash"按钮，打开待下载的 HEX 文件或 BIN 文件。

⑤ 在"编程"选项下选择要进行的操作。

⑥ 单击"自动"按钮，便可以完成芯片擦除和编程等操作。

程序烧写完成后，马上就可以观察到程序运行结果。

技能实训四　自制 STC 单片机下载线

实训目的

（1）了解 STC 单片机下载线的电路原理图。

（2）完成 STC 单片机下载线的制作。

实训任务

制作一个 STC 单片机下载线，作为本书制作实例的下载工具。

实训内容

STC 系列单片机的 ISP 下载使用的是单片机的串行通信口，下载线电路简单，制作容易，是学习和制作单片机系统的必备工具。

一、电路原理图

STC 系列单片机 ISP 下载线的原理图如图 1-39 所示。

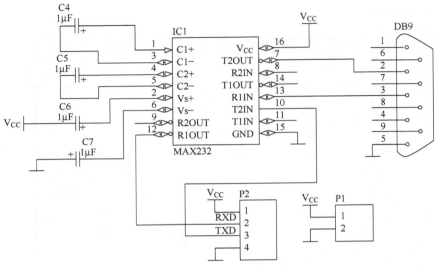

图 1-39　STC 系列单片机 ISP 下载线原理图

元件说明：

（1）电容 C4～C7 均为 1μF 电解电容，组装时注意其极性。

（2）MAX232（IC1）芯片是美信公司专门为电脑的 RS-232 标准串口设计的接口电路，使用+5V 单电源供电，可完成 TTL 电平到 RS-232 电平双向相互转换。

（3）DB9 是用于将下载线与计算机相连接的 9 孔插座，其实物如图 1-40 所示。

图 1-40　9 针串口 DB9 接头

（4）P1 和 P2 分别是 2 针和 4 针插座，其中 P1 可用于给下载线供电（也可以通过单片机目标板给下载线供电），P2 用于连接下载线和单片机目标板。

二、电路制作

本下载线电路比较简单，我们可以在万能实验板上插装焊接，也可以制作一块印制电路板，在印制电路板上装配。印制电路图及制作实物图如图 1-41 所示。

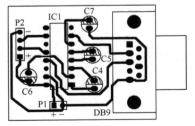

（1）印制电路图　　　　　　　　（2）实物图

图 1-41　STC 单片机下载线印制电路板图

项目评价

项目检测		分值	评分标准	学生自评	教师评估	项目总评
任务知识内容	① MCS-51 单片机的外部引脚及其功能	15				
	② 了解单片机开发系统的常用工具	10				
	③ 掌握单片机中数制	10				
	④ 熟悉单片机最小应用系统的组成	10				
	⑤ Keil C 开发软件的安装与使用	15				
	⑥ 会将程序烧写入单片机中	10				
安全操作	正确使用 Keil C 仿真软件	10				
现场管理	①出勤情况	5				
	②机房纪律	5				
	③团队协作精神	5				
	④保持机房卫生	5				

项目小结

（1）由于日常生活中人们采用的计数方法与计算机的计数方法不同，因而需要了解单片机中的数制及数制之间的转换知识。

（2）MCS-51 单片机的基本结构及引脚功能。MCS-51 单片机是把 CPU、RAM、ROM、定时器/计数器和多种功能的 I/O 接口等功能模块集成在一块芯片上所构成的微型计算机。各类型 MCS-51 系列单片机的端子相互兼容，但是不同芯片之间的端子功能会略有差异，用户在使用时应当特别注意。

（3）单片机最小系统是指用最少的元件组成的单片机系统。最小应用系统结构简单、体积小、功耗低、成本低，在简单的应用系统中广泛应用。

（4）单片机开发系统的常用工具包括仿真器、编程器、ISP 下载线。

（5）Keil C 开发软件具有方便易用的集成环境、强大的软件仿真调试工具，熟练掌握此软件的使用方法是利用单片机进行产品开发的关键之一。

思考与练习

1．将下列十进制数转换为二进制数、十六进制数。

（1）32　　　　（2）128　　　　（3）35.125　　　　（4）256.625

2．单片机的结构包括哪些功能模块？

3．MCS-51 单片机的引脚 ALE 和 $\overline{\text{PSEN}}$ 的功能各是什么？

4．MCS-51 单片机有几个 I/O 口？各 I/O 口都有什么特性？

5．什么是单片机的最小应用系统？

项 目二

制作单片机输出控制电路

单片机输出控制电路是单片机应用系统中最基本、最简单的应用，在几乎所有的单片机系统中都要用到。制作单片机输出控制电路是学习单片机的重要一步，掌握其制作方法将对今后学习单片机具有重要意义。

知识目标

（1）掌握常用的单片机的输出接口的电路形式及应用。
（2）掌握 MCS-51 单片机的内部硬件资源。
（3）理解并运用相关指令。

技能目标

（1）掌握 LED 控制电路的制作方法。
（2）掌握音频控制电路的制作方法。
（3）掌握继电器控制电路的制作方法。
（4）掌握相应电路的程序编写方法。

项目基本知识

知识一　LED 与单片机接口电路

发光二极管简称 LED，是单片机系统中最常用的元器件之一，可以用来显示、指示各种信息和状态，也可以以二进制的形式显示数值。LED 一般与单片机的并行 I/O 口相连接，接口电路简单，控制方便。

一、MCS-51 单片机 I/O 口简介

MCS-51 系列单片机有 4 个 8 位并行输入/输出接口：P0 口、P1 口、P2 口和 P3 口，共计32 根输入/输出线，作为与外部电路联络的引脚。这 4 个接口可以并行输入或输出 8 位数据，也可以按位使用，即每 1 位均能独立作为输入或输出。每个口都可作为通用 I/O 接口，但其功能又有所不同，见表 2-1。

表 2-1 各 I/O 口结构功能表

I/O 口	结构及特点	一位内部结构图	主要功能
P0 口	如右图所示是 P0 口的一位口线内部结构图,口的各位口线具有与其完全相同但又相互独立的结构 在 P0 口的内部有一个多路开关,在控制信号的控制下,可以分别接通锁存器输出(作为通用 I/O 口进行数据的输入/输出)或接通地址/数据线(作为系统的数据总线和低 8 位地址总线) 由于数据输出的驱动和控制电路由两支场效应管组成,在作为通用 I/O 口使用时必须外接上拉电阻才能有高电平输出	P0 口一位口线内部结构图	通用 I/O 接口 系统的数据总线,系统的地址总线的低 8 位
P1 口	如右图所示是 P1 口的一位口线内部结构图。因为 P1 口通常只能作为通用 I/O 口使用,其内部没有多路开关,输出驱动电路中有上拉电阻,外接电路无须再接上拉电阻	P1 口一位口线内部结构图	通用 I/O 接口
P2 口	如右图所示是 P2 口的一位口线内部结构图。P2 口既能作为通用 I/O 使用,又为系统提供高 8 位地址总线,因此同 P0 口一样,其内部也有一个多路开关。当作为通用 I/O 口使用时,多路开关倒向锁存器输出端,当作为系统高 8 位地址线使用时,多路开关倒向"地址"端	P2 口一位口线内部结构图	通用 I/O 接口 系统的地址总线的高 8 位
P3 口	如右图所示是 P3 口的一位口线内部结构图。P3 口可以作为通用 I/O 口使用,但在实际应用中它的第二功能更为重要,为适应引脚第二功能的需要,在口线电路中增加了"第二功能输出"信号线和"第二功能输入"缓冲器 当做第二功能使用时,相应的口线锁存器必须为"1"状态,与非门输出第二功能信号。在 P3 口的引脚信号输入通道中有两个三态缓冲器,第二功能的输入信号取自第一个缓冲器(第二功能输入缓冲器)的输出端。而作为通用 I/O 口线使用(第一功能)的数据输入,取自三态门的输出端	P3 口一位口线内部结构图	通用 I/O 接口 每个脚又都具有第二功能

单片机中有多种开关信号输入方式，其中，通过 I/O 引脚输入开关信号是常用的一种方式。当并行 I/O 接口作为输入口时，必须先把端口置"1"，输出级的场效应管 V2 处于截止状态，使引脚处于悬浮状态，才可以进行高阻输入，如图 2-1（a）所示。否则，如果此前曾经输出锁存过数据"0"，输出级的场效应管 V2 则处于导通状态，引脚相当于接地，如图 2-1（b）所示，引脚上的电位就被钳位在低电平上，使输入高电平时得不到高电平，读入的数据是错误的，还有可能烧坏端口。

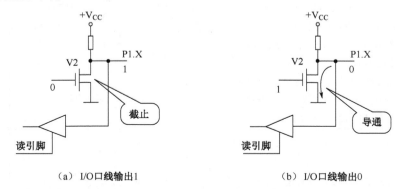

（a）I/O 口线输出1　　　　　　　　　　（b）I/O 口线输出0

图 2-1　I/O 口线作为输出时场效应管的状态

如要把端口置 1，可执行如下指令：

```
SETB P1.X              ;置位 P1.X（X 可以是 0～7）
MOV P1,#0FFH           ;将 P1 口全部置位
```

二、LED 接口电路

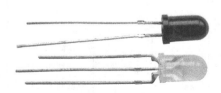

图 2-2　单色和双色 LED 发光二极管

LED 是几乎所有的单片机系统都要用到的显示器件，最常见的 LED 主要有红色、绿色、蓝色等单色发光二极管，另外还有一种能发红色和绿色光的双色二极管，如图 2-2 所示。

驱动 LED，可分为低电平点亮和高电平点亮两种。由于 P1～P3 口内部上拉电阻较大，约为 20～40kΩ，属于"弱上拉"，因此 P1～P3 口引脚输出高电平，电流 I_{OH} 很小（约为 30～60μA）。而输出低电平时，下拉 MOS 管导通，可吸收 1.6～15mA 的灌电流，负载能力较强。因此两种驱动 LED 的电路在结构上有较大差别。在如图 2-3（a）所示的电路中，对 VD1、VD2 的低电平驱动，是可以的，而对 VD3、VD4 的高电平驱动是错误的，因为单片机提供不了点亮 LED 的输出电流。正确的高电平驱动电路如图 2-3（b）所示。因为高电平驱动时需要另加三极管，所以在实际电路设计中，一般采用低电平驱动方式。

LED 工作时必须加上适当的限流电阻，限流电阻取值过小会造成 LED 工作电流过大而损坏，取值过大则会造成 LED 发光亮度不足。图 2-3 中的限流电阻的阻值可通过下面公式计算：

$$R = \frac{V - V_D}{I_D} = \frac{5-2}{0.01} = 300（\Omega）$$

其中 V 为 I/O 口输出电压，取 5V；V_D 为 LED 导通电压，假设为 2V；I_D 为 LED 导通电流，取 10mA。由此可得限流电阻的阻值为 300Ω。由于各种 LED 的工作电压及工作电流不同，限流电阻通常取 200Ω～1kΩ。

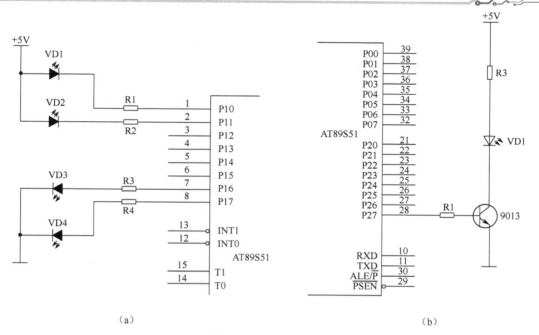

(a)   (b)

图 2-3 LED 驱动电路

由以上驱动电路可知, 欲控制 LED 发光二极管的亮灭, 只要使与其相连的 I/O 口线输出相应的高低电平即可。

议一议:

(1) P0、P1、P2、P3 功能上有什么区别? 使用中有什么要求?

(2) 并行 I/O 口输出高电平是 5V, 为什么这个电压不能直接使 LED 发光?

知识二 汇编语言程序结构及相关指令

一、汇编语言程序结构

1. 指令的基本格式

MCS-51 单片机指令主要由标号、操作码、操作数和注释四部分组成, 其中方括号括起来的是可选部分, 可有可无, 视需要而定。

```
START:    MOV      A,#7FH           ;将立即数送累加器 A
[标号]   <操作码>   [操作数]          [注释]
```

(1) 标号: 标号是指令的符号地址, 有了标号, 程序中的其他语句就可以访问该语句。有关标号的规定如下。

① 标号由不超过 8 位的英文字母和数字组成, 但头一个字符必须是字母。

② 不能使用系统中已规定的符号, 如 MOV、DPTR 等。

③ 标号后面必须有英文半角冒号(:)。

④ 同一个标号在一个程序中只能定义一次, 不能重复定义。

(2) 操作码: 指明语句执行的操作内容, 是以助记符表示的。

（3）操作数：用于给指令的操作提供数据或地址。在一条语句中，操作数可能有 0 个、1 个、2 个或者 3 个，各操作数之间用英文半角逗号（,）隔开。

（4）注释：对语句的解释说明，提高程序的易读性。注释前必须加英文半角分号（;）。

2. 汇编程序的基本结构

为了使程序结构清晰明了，方便修改、维护，一般可按下面结构书写程序。

```
ORG 0000H              ;复位入口地址
LJMP    START          ;转移到程序初始化部分 START
ORG 0003H              ;外部中断 0 的入口地址
LJMP    INT0           ;转移到外部中断 0 的服务程序 INT0
ORG 000BH
RETI
        ......
START:  MOV A,#7FH     ;初始化程序部分
......
MAIN:   MOV P1,A       ;主程序部分
......
LJMP    MAIN           ;循环执行主程序
DELAY:  MOV R0,#0FFH   ;子程序
......
RET
INT0:   PUSH A         ;中断服务程序
......
RETI
```

1）复位入口地址

0000H 称为复位入口地址，因为系统复位后，单片机从 0000H 单元开始取指令执行程序，但实际上三个单元并不能存下任何完整的程序，使用时应当在复位入口地址存放一条无条件转移指令，如 LJMP START，以便转移到指定的程序执行（标号为 START 处）。

2）中断入口地址

一般在入口地址存放一条无条件转移指令，如 LJMP INT0，而将实际的中断服务程序存放在后面的其他空间（标号为 INT0 处）。

如果系统没有使用中断源，可以不做任何处理，也可以放一条 RETI 指令，在误中断时直接返回，以增强抗干扰能力。

3）初始化程序

初始化程序主要对一些特定的存储单元设置初始值或执行特定的功能，如开中断、设置计数初值等。该部分程序只在系统复位后执行一次，然后直接进入主程序。所以初始化程序必须放在主程序之前。

4）主程序

主程序一般为死循环程序。CPU 运行程序的过程，实际就是反复执行主程序的过程，因此实现了随时接收输入和不停地将新的结果输出的功能。

5）子程序

在主程序中，如果要反复多次执行某段完全相同的程序，为了简化程序，可以将该段重复的程序单独书写，这就是子程序。在主程序需要的时候，只要调用子程序即可。

子程序可以放在初始化和主程序构成的程序段之外的任何位置，但习惯上放在主程序之后。子程序必须有子程序返回指令 RET。

6）中断服务程序

中断服务程序也叫中断服务子程序，是指响应"中断"后执行的相应的处理程序。

中断服务程序类似于子程序，习惯上也放在主程序之后。关于中断的内容将在后面相关项目中详细介绍。

注意：在汇编语言中，数值和地址既可以使用二进制数，也可以使用十进制数或十六进制数。为了区分，二进制数后缀加"B"，十进制数后缀加"D"，对于十进制数"D"可以省略，十六进制数后缀加"H"，当十六进制数的高位为字母时前面必须再加个"0"，如 B5H 写成 0B5H，FFH 写成 0FFH。下面三条指令的结果是完全一样的。

```
MOV A,#10100110B
MOV A,#166
MOV A,#0A6
```

二、相关指令

本项目相关指令主要有 MOV、MOVC、RR、RL、SETB、CLR、CPL、LJMP、DJNZ、LCALL、RET、ORG、DB 等。

1. 数据传送指令：MOV

通用格式：MOV <目的操作数>,<源操作数>

举例：MOV A，#30H　　　　　；将立即数 30H 送入累加器 A

　　　MOV P1，#0FH　　　　　；将立即数 0FH 送到 P1 口

2. 移位指令：RR、RL

循环右移：RR A　　　　　；将 A 中的各位循环右移一位

循环左移：RL A　　　　　；将 A 中的各位循环左移一位

循环移位指令示意图如图 2-4 所示。

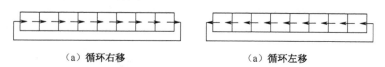

（a）循环右移　　　　　　　（a）循环左移

图 2-4　循环移位指令示意图

循环移位指令的操作数只能是累加器 A。

3. 置位、清零、取反指令 SETB、CLR、CPL

举例：SETB　　　C　　　；将进位标志 C 置 1

　　　SETB　　　P1.0　　；将端口 P1.0 置 1

　　　CLR　　　 C　　　；将进位标志 C 清 0

　　　CLR　　　 P1.0　　；将端口 P1.0 清 0

　　　CPL　　　 C　　　；位标志 C 取反

　　　CPL　　　 P1.0　　；端口 P1.0 取反

4. 无条件转移指令 LJMP

通用格式：LJMP <十六位程序存储器地址或以标号表示的十六位地址>

举例：LJMP MAIN；转移到标号为 MAIN 处执行

其他无条件转移指令请参看相关内容。

5. 减 1 非 0 条件转移指令：DJNZ

通用格式：DJNZ <寄存器>,<相对地址>

举例：DJNZ R0,LOOP；先对 R0 中的数减 1，若 R0≠0，转移到 LOOP 处执行

若 R0=0，则顺序执行

该指令常用来编写指定次数的循环程序。虽然单片机执行一条指令的时间很短，仅为 1μs（具体时间和时钟与具体指令的指令周期有关）左右，但如果使单片机反复执行指令几百次、几千次或几万次，所需时间就比较明显，因此我们常通过编写循环程序来达到延时的目的。下面循环程序可作为软件延时程序。

```
MOV R0,#0FFH          ;延时程序
LOOP2:  DJNZ     R0,LOOP2
```

该程序循环次数为 255 次，如果延时时间不够，可以编写如下循环嵌套程序，以增加循环次数，达到更长时间的延时。

```
MOV R0,#0FFH            ;延时程序
LOOP2:  MOV R1,#0FFH
LOOP1:  DJNZ     R1,LOOP1
DJNZ    R0,LOOP2
```

6. 子程序调用和返回指令 LCALL、RET

子程序调用：LCALL <子程序的地址或标号>

举例：LCALL DELAY

子程序返回：RET

7. 程序存储器向累加器 A 传送数据指令（查表指令）

为了取出存放在程序存储器中的表格数据，MCS-51 单片机提供了两条查表指令，这两条指令的操作码助记符为 MOVC，其中 C 的含义是 Code（代码），表示操作对象是程序存储器。累加器 A 与程序存储器 ROM 之间的数据传送指令（查表指令）的格式及功能见表 2-2。

表 2-2 查表指令的格式及功能

序 号	指 令 名 称	指 令 格 式	功 能	指令举例
21	程序存储器向累加器 A 传送数据指令（查表指令）	MOVC A,@A+DPTR	A←（A+DPTR）	MOVC A,@A+DPTR
22		MOVC A,@A+PC	A←（A+PC）	MOVC A,@A+PC

其中 MOVC A,@A+DPTR 指令以 DPTR 作为基址，加上累加器 A 的内容后，所得的 16 位二进制数作为待读出的程序存储器单元地址，并将该单元地址的内容传送到累加器 A 中。这条指令主要用于查表，即将数据表中的某个数据传送到累加器 A 中，例如在程序存储器中，依次存放 10 个 8 位二进制数：0C0H,0F9H,0A4H,0B0H,99H,92H,82H,0F8H,80H,90H，如果要将其中第 6 个数 92H 传送给 P1 口输出，可通过如下指令实现：

```
MOV DPTR,#TAB     ;将数据表的首地址传送到 DPTR 中
```

```
                                ;首地址即表中第 1 个数的地址
MOV A,#5                        ;因为排序是从 0 开始，所以 5 代表第 6 个数
MOVC    A,aA+DPTR               ;表的首地址再加 5 个地址所在的单元中的内容（6DH）送 A
MOV P1,A                        ;将 A 中的数"6DH"输出到 P1 口。
TAB:    DB 0C0H,0F9H,0A4H,0B0H,99H,92H,82H,0F8H,80H,90H    ;数据表
```

程序中 DB 的作用是把若干个 8 位二进制数依次存入从标号开始的连续存储单元中。

由于程序存储器只能读出，不能写入，因此没有写程序存储器指令。如 MOVC @A+DPTR,A 是非法指令。

议一议：

（1）汇编语言程序结构上包括哪几个部分？为什么主程序必须是一个死循环的结构？

（2）指令 MOVC A，@A+DPTR 常称为查表指令，其功能是什么？如何使用该条指令？它应该和哪一条伪指令相对应？

知识三　音频接口电路和继电器接口电路

一、音频接口电路

声音由物体的振动产生，正在发声的物体叫声源，声音是以波的形式传播的，即声波。人耳只能对 20～20000Hz 的振动产生听觉，20Hz 以下的声波称为次声波，20000Hz 以上称为超声波。

在单片机系统中经常使用蜂鸣器或扬声器作为声音提示、报警及音乐输出等。

蜂鸣器是一种一体化结构的有源电子讯响器，内部含有振荡电路，采用直流驱动，使用中只要加直流电压即可发出单一频率的音频。

驱动扬声器需要 20Hz～20kHz 的音频信号才能使其发出人耳听到的声音。单片机的端口只能输出数字量，单片机可以输出由高电平和低电平组成的方波，方波经放大滤波后，驱动扬声器发声。声音的单调高低由端口输出的方波的频率决定。

蜂鸣器接口电路如图 2-5（a）所示，扬声器接口电路如图 2-5（b）所示。

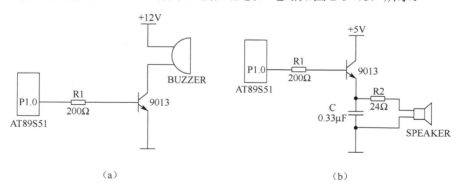

图 2-5　音频接口电路

二、继电器与单片机接口电路

继电器通常用于驱动大功率电器并起到隔离作用，由于继电器所需的驱动电流较大，一般都要由三极管等电路驱动。

如图 2-6（a）所示是高电平驱动继电器的电路。图 2-6（b）似乎是低电平驱动继电器，但仔细分析，该电路并不能正常工作，因为单片机输出的高电平也只有+5V，而继电器的工作电压+12V 使三极管的发射结处于正偏，继电器并不能释放，而且这个电压加在单片机的输入端还有可能损坏单片机。所以在使用单片机驱动继电器时采用高电平驱动方式更加安全可靠。二极管 1N4148 起到保护驱动三极管的作用，因为在继电器由吸合到断开的瞬间，将在继电器的线圈上产生上负下正的感应电压，和电源电压一起加在驱动电路上，有可能损坏驱动电路，二极管可以将线圈两端的感应电压钳位在 0.7V 左右。

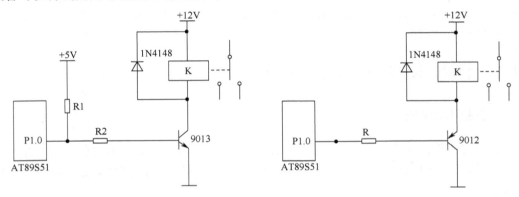

（a）正确接法　　　　　　　　　　　　　　　　　（b）错误接法

图 2-6　继电器与单片机接口电路

为了实现和单片机系统彻底隔离，常常使用光电耦合器，如图 2-7 所示。当 P1.0 输出低电平时，光电耦合器中的发光二极管导通发光，光敏三极管受光照后导通，VT1 的基极得到高电平导通，继电器吸合。反之，继电器则不吸合。

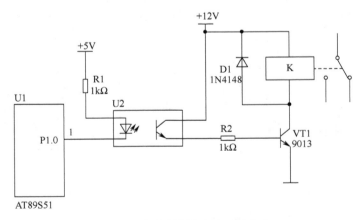

图 2-7　光电隔离继电器驱动电路

如果需要控制的继电器数目较多，可采用继电器专用集成驱动芯片 ULN2003。ULN2003 芯片实物图及内部结构如图 2-8 所示。ULN2003 是耐高压、大电流达林顿阵列，每个达林顿

驱动器上提供了保护驱动器的二极管。采用 ULN2003 驱动的继电器电路如图 2-9 所示。

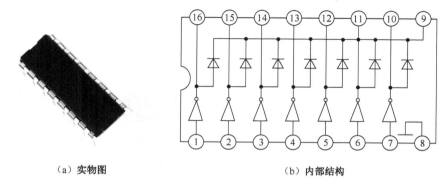

（a）实物图　　　　　　　　　　　（b）内部结构

图 2-8　ULN2003 芯片实物图及内部结构

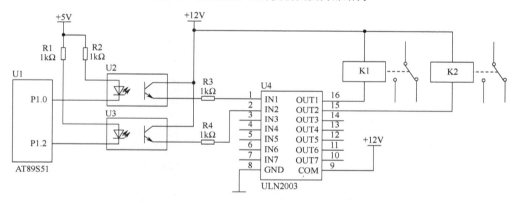

图 2-9　采用 ULN2003 驱动多个继电器的电路

议一议：

（1）单片机是怎样控制扬声器发出声音的？要让扬声器发出的声音被人耳听到，对频率有什么要求？

（2）继电器驱动电路中和继电器线圈并联的二极管起到什么作用？

项目技能实训

技能实训一　制作 LED 控制电路

实训目的

（1）掌握 I/O 口的使用方法。

（2）掌握延时子程序的编写和使用方法。

（3）掌握使用 Keil C 软件调试和编译程序的方法。

（4）掌握使用编程器和 ISP 下载线烧写程序的方法。

实训任务

制作一个单片机应用系统，单片机 P1 口作为输出口，接 8 只 LED，编程实现对这 8 只

LED 的控制。

实训内容

一、硬件电路制作

1. 电路原理图

根据任务要求，LED 控制电路如图 2-10 所示。P1 口作为输出口，采用低电平驱动方式，P1 为 ISP 下载线插座，通过连接下载线可以更新单片机内程序存储器中的程序。

注意: 为了使原理图美观且便于识读，段控线采用总线的画法，单片机的引脚并没有按实际芯片的引脚排列顺序画，并隐藏了 40 脚（V_{CC}）和 20 脚（GND），在制作时请注意各个引脚的连接关系。

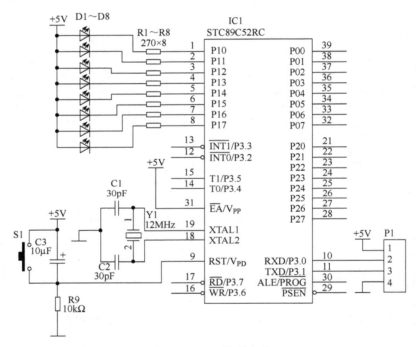

图 2-10 LED 控制电路

2. 元件清单

LED 控制电路元件清单见表 2-3。

表 2-3 LED 控制电路元件清单

代　号	名　称	实物图	规　格
R1～R8	电阻		270Ω
R9	电阻		10kΩ

续表

代 号	名 称	实 物 图	规 格
D1～D8	发光二极管		红色 Φ5
C1、C2	瓷介电容		30pF
C3	电解电容		10μF
S1	轻触按键		
Y1	晶振		12MHz
IC1	单片机		STC89C52RC
	IC插座		40 脚

3. 电路制作步骤

对于简单电路，可以在万能实验板上进行电路的插装焊接。制作步骤如下。

（1）按电路原理图在万能实验板中绘制电路元器件排列布局图。

（2）按布局图依次进行元器件的排列、插装。

（3）按焊接工艺要求对元器件进行焊接，背面用 Φ0.5mm～Φ1mm 镀锡裸铜线连接（可以使用双铰网线），直到所有的元器件连接并焊完为止。

LED 控制电路装接图如图 2-11 所示。

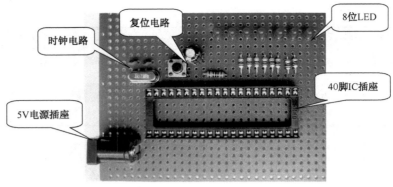

图 2-11 LED 控制电路装接图

注意：单片机绝对不能直接焊接在电路板上，应先焊接一个 40 脚的 IC 插座，等将程序编写调试完成并烧写入单片机后，再插入电路板。

4. 电路的调试

通电之前先用万用表检查各种电源线与地线之间是否有短路现象。

给硬件系统加电，检查所有插座或器件的电源端是否有符合要求的电压值、接地端电压是否为 0V。

在不插上单片机时，模拟单片机输出低电平，检查相应的外部电路是否正常。方法是：用一根导线将低电平（接地端）分别引到 P1.0 到 P1.7 相对应的集成电路插座的引脚上，观察相应的发光二极管是否正常发光。

二、程序设计

1. 发光二极管的点亮

欲点亮某只二极管，只要使与之相连的口线输出低电平即可。如点亮从高位到低位的第 1、3、5、7 只二极管，实现的方法有字节操作和位操作两种。

方法一（字节操作）：

```
ORG   0000H          ;复位入口地址
LJMP   MAIN          ;转移到主程序 MAIN
MAIN:  MOV  P1,#55H  ;将立即数 55H（即二进制数 01010101B）送到 P1 口
LJMP   MAIN          ;循环执行主程序
```

方法二（位操作）：

```
ORG   0000H          ;复位入口地址
LJMP   MAIN          ;转移到主程序 MAIN
MAIN:  MOV  P1,#0FFH ;熄灭所有的灯（该句可省略，因复位后为 0FFH）
CLR    P1.7          ;点亮第 7 位
CLR    P1.5          ;点亮第 5 位
CLR    P1.3          ;点亮第 3 位
CLR    P1.1          ;点亮第 1 位
LJMP   MAIN          ;循环执行主程序
```

2. 发光二极管的闪烁

欲使某位二极管闪烁，可先点亮该位，再熄灭，然后循环。程序如下：

```
ORG 0000H              ;复位入口地址
LJMP    MAIN           ;转移到主程序 MAIN
MAIN:   CLR    P1.7    ;点亮第 7 位
SETB    P1.7           ;熄灭第 7 位
LJMP    MAIN           ;循环执行主程序
```

但实际运行这个程序发现第 1 位 LED 一直在亮，原因是单片机执行一条指令的速度很快，大约为 1μs（具体时间和时钟与具体指令的指令周期有关）。也就是说二极管确实在闪烁，只不过速度太快，由于人的视觉暂留现象，主观感觉一直在亮。解决的办法是在点亮和熄灭后都要加入延时。实现的方法有字节操作和位操作两种。

方法一（字节操作）：

```
ORG 0000H              ;复位入口地址
LJMP    MAIN           ;转移到主程序 MAIN
MAIN:   MOV P1,#7FH    ;点亮第 7 位
LCALL   DELAY          ;调延时子程序
MOV P1,#0FFH           ;熄灭第 7 位
LCALL   DELAY          ;调延时子程序
LJMP    MAIN           ;循环执行主程序
DELAY:  MOV R0,#0FFH   ;延时子程序
LOOP2:  MOV R1,#0FFH
LOOP1:  DJNZ   R1,LOOP1
DJNZ    R0,LOOP2
RET
```

方法二（位操作）：

```
ORG 0000H              ;复位入口地址
LJMP    MAIN           ;转移到主程序 MAIN
MAIN:   CPL    P1.7    ; P1.7 取反
LCALL   DELAY          ;调延时子程序
LJMP    MAIN           ;循环执行主程序
DELAY:  MOV R0,#0FFH   ;延时子程序
LOOP2:  MOV R1,#0FFH
LOOP1:  DJNZ   R1,LOOP1
DJNZ    R0,LOOP2
RET
```

3. 流水灯效果

实现该效果的方法是轮流点亮每个发光二极管，延时后熄灭。按字节操作的程序如下（请读者编写按位操作的程序）：

```
ORG 0000H              ;复位入口地址
LJMP    MAIN           ;转移到主程序 MAIN
MAIN:   MOV P1,#7FH    ;点亮第 7 位
LCALL   DELAY          ;调延时子程序
```

```
        MOV P1,#0BFH            ;点亮第6位
        LCALL   DELAY          ;调延时子程序
        MOV P1,#0DFH            ;点亮第5位
        LCALL   DELAY          ;调延时子程序
        MOV P1,#0EFH            ;点亮第4位
        LCALL   DELAY          ;调延时子程序
        MOV P1,#0F7H            ;点亮第3位
        LCALL   DELAY          ;调延时子程序
        MOV P1,#0FBH            ;点亮第2位
        LCALL   DELAY          ;调延时子程序
        MOV P1,#0FDH            ;点亮第1位
        LCALL   DELAY          ;调延时子程序
        MOV P1,#0FEH            ;点亮第0位
        LCALL   DELAY          ;调延时子程序
        LJMP    MAIN           ;循环执行主程序
DELAY:  MOV R0,#0FFH           ;延时子程序
LOOP2:  MOV R1,#0FFH
LOOP1:  DJNZ    R1,LOOP1
        DJNZ    R0,LOOP2
        RET
```

这个程序清晰易懂，但过于冗长。下面我们使用循环移位指令来实现同样的效果，程序长度可大大缩短。

```
ORG 0000H                      ;复位入口地址
LJMP    START                  ;转移到程序初始化部分START
START:  MOV A,#7FH             ;初始化A值，使最高位为0
MAIN:   MOV P1,A               ;A值送P1口
LCALL   DELAY                  ;调延时子程序
RR      A                      ;循环右移
LJMP    MAIN                   ;循环执行主程序
DELAY:  MOV R0,#0FFH           ;延时子程序
LOOP2:  MOV R1,#0FFH
LOOP1:  DJNZ    R1,LOOP1
DJNZ    R0,LOOP2
RET
```

读者可以将循环右移指令改为循环左移指令并观看其运行效果。

4. 花样广告灯

在流水灯的例子中，不管是左移还是右移，都是有规律的，我们利用循环左移指令或循环右移指令便可轻松实现。但如果要实现复杂的、没有规律的变换，该怎么做呢？我们有两种方案可以选择，一种是采用最笨的方法，即依次给P1口送数、延时，但程序会很长；第二种方法是将所有的数据存入一个数据表中，使用查表指令依次从数据表中取数，送给P1口，实现花样广告灯的效果。

花样广告灯效果的参考程序如下：

```
        ORG 0000H
        LJMP    START          ;转移到初始化程序
```

```
            ORG 0030H
START:  MOV 40H, #00H              ;以 40H 单元中的数作为数据表中的序号
        MOV DPTR, #TAB            ;字形码首地址存放 DPTR
MAIN:   MOV A, 40H                ;数字送 A
        MOVC    A, @A+DPTR        ;数字对应数据送 A
        MOV P1, A                 ;数据送 P1 口显示
        LCALL   DELAY             ;延时
        MOV A, 40H                ;数字送 A
        INC A                     ;加 1，指向下一数据
        CJNE    A, #25, AA        ;不等于 25，说明数据没有取完一遍
BB:     MOV A, #00H               ;等于 25，数据取完一遍，送初值 0 重新取
AA:     MOV 40H, A                ;保存数字
        LJMP    MAIN              ;循环，继续显示
DELAY:  MOV R0, #0FFH             ;延时子程序
LOOP2:  MOV R1, #0FFH
LOOP1:  DJNZ    R1, LOOP1
        DJNZ    R0, LOOP2
        RET
TAB:    DB  0feH, 0fdH, 0fbH, 0f7H, 0efH     ;共 25 个数据，即 25 种状态
        DB  0dfH, 0bfH, 7fH, 7fH, 0bfH
        DB  0dfH, 0efH, 0f7H, 0fbH, 0fdH
        DB  0feH, 0ffH, 7eH, 0bdH, 0dbH
        DB  0e7H, 0dbH, 0bdH, 7eH, 0ffH
        END
```

本例中的广告灯共有 25 种变化（25 种状态），要想使广告灯具有更多变化，只需要在数据表中增加数据，并改变循环次数即可。

查表指令是汇编语言中比较难理解也比较难掌握的指令，希望读者通过本例认真体会查表指令的含义及用法。

技能实训二　制作音频控制电路

实训目的

（1）掌握音频接口电路。
（2）会设计、制作音频控制电路。
（3）会根据硬件电路编写相应程序。

实训任务

制作一个单片机应用系统，单片机 P1.0 口线作为输出，驱动一只扬声器，编程实现扬声器发出单频率声音及双音警报声。

实训内容

一、硬件电路制作

1. 电路原理图

根据任务要求，音频控制电路如图 2-12 所示。P1.0 输出的方波经放大滤波后，驱动扬声

器发声。但要想听到该声音，则要求方波的频率在 20Hz～20kHz 范围内。

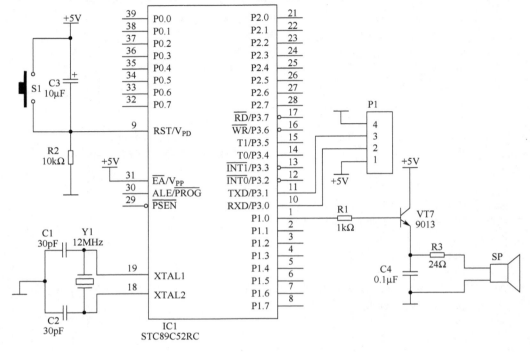

图 2-12 音频控制电路

2. 元件清单

音频控制电路元件清单见表 2-4。

表 2-4　音频控制电路元件清单

代　号	名　称	实　物　图	规　格
R1	电阻		1kΩ
R2	电阻		10kΩ
R3	电阻		24Ω
C1、C2	瓷介电容		30pF
C4	瓷介电容		0.1μF
C3	电解电容		10μF
S1	轻触按键		
Y1	晶振		12MHz

续表

代　号	名　称	实　物　图	规　格
IC1	单片机		STC89C52RC
	IC 插座		40 脚
VT1	三极管		9013
SP	扬声器		8Ω/0.5W

3. 电路制作

音频控制电路装接图如图 2-13 所示。

图 2-13　音频控制电路装接图

4. 电路的调试

通电之前先用万用表检查各种电源线与地线之间是否有短路现象。

给硬件系统加电，检查所有插座或器件的电源端是否有符合要求的电压值、接地端电压是否 0V。不插入单片机，用一根导线，一端接+5V，另一端碰触 IC 插座的 1 脚，听扬声器是否有咔咔声。

二、程序设计

1. 单频率声音

```
ORG 0000H              ;复位入口地址
LJMP    MAIN           ;转移到主程序 MAIN
MAIN:   CPL    P1.0    ;P1.0 取反
LCALL   DELAY          ;调延时子程序
LJMP    MAIN           ;循环执行主程序
DELAY:  MOV R0,#07H    ;延时子程序
LOOP2:  MOV R1,#1FH
```

```
LOOP1:   DJNZ     R1,LOOP1
DJNZ     R0,LOOP2
RET
```

请读者修改延时时间，听音调的变化。

2. 双音警报声

本程序可模拟出非常急促的双音报警声。

```
ORG 0000H
LJMP     MAIN
MAIN:    MOV R0,#0FFH
LOOP1:   CPL P1.0
LCALL    DELAY1
DJNZ     R0,LOOP1
MOV R0,#0FFH
LOOP2:   CPL     P1.0
LCALL    DELAY2
DJNZ     r0,LOOP2
LJMP     MAIN
DELAY1:  MOV R6,#07H
D1:      MOV R7,#20H
DJNZ     R7,$
DJNZ     R6,D1
RET
DELAY2:  MOV R4,#07H
D2:      MOV R5,#50H
DJNZ     R5,$
DJNZ     R4,D2
RET
END
```

程序中的"$"符号，表示本条指令的标号，也就是跳到本条指令，原地踏步。

本程序全部使用软件延时的方法实现，等读者学完定时器后可以使用定时器实现同样的效果，也可以演奏门铃声。另外，延时程序延时的长短跟系统使用的晶振频率有关，请注意修改相关数值。

技能实训三 制作直流电动机控制电路

实训目的

（1）掌握继电器接口电路。
（2）会使用继电器控制直流电动机的单方向旋转及正反转。
（3）会根据硬件电路编写直流电动机的控制程序。

实训任务

制作一个单片机应用系统，单片机 I/O 口作为输出，驱动直流电动机，编程实现控制直流电动机正反转及停止。

实训内容

一、硬件电路设计

1. 电路原理图

如果控制直流电动机作单方向旋转，只需一个继电器，原理图如图 2-14 所示。继电器吸合，电动机开始旋转，继电器释放，电动机则停止旋转。

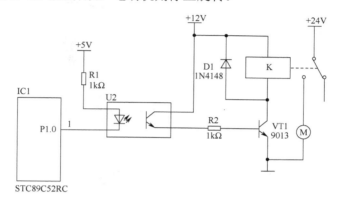

图 2-14　单片机控制直流电动机原理图

如果要控制直流电动机作正转和反转，则需要使用两个继电器，原理图如图 2-15 所示。

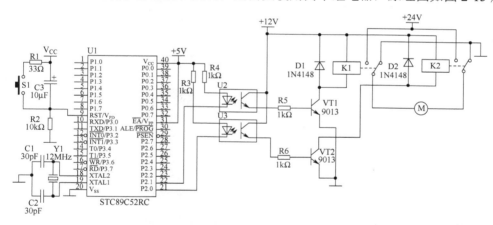

图 2-15　单片机控制直流电动机正反转原理图

注意：图 2-14 和图 2-15 中，其实有三组电源，第一组为 5V，给单片机系统和光耦输入端供电；第二组为 12V，给光耦输出端、继电器线圈及其驱动三极管供电；第三组可以根据实际设备选用所需要的电压，给电动机供电。三组电源相互隔离、完全独立。

2. 元件清单

本任务中我们制作直流电动机的正反转控制电路，元件清单见表 2-5。

表 2-5　直流电动机正反转控制电路元件清单

代　号	名　称	实 物 图	规　格
R3～R6	电阻		1kΩ

续表

代 号	名 称	实 物 图	规 格
R1	电阻		33Ω
R2	电阻		10kΩ
D1、D2	开关二极管		1N4148
VT1、VT2	三极管		9013
U2、U3	光电耦合器		TLP521-1
K1、K2	继电器		JZC-23F
C1、C2	瓷介电容	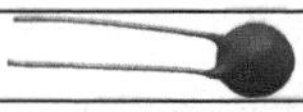	30pF
C3	电解电容		10μF
S1	轻触按键		
Y1	晶振		12MHz
IC1	单片机		STC89C52RC
M	直流电动机	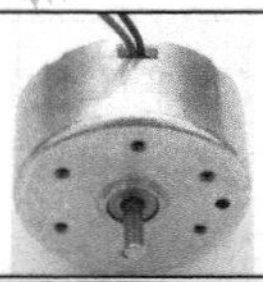	12V
	IC 插座		40 脚

3. 电路组装

我们仍在万能实验板上进行电路的插装焊接。制作步骤如下：

（1）按电路原理图在万能实验板中绘制电路元器件排列布局图。

（2）按布局图依次进行元器件的排列、插装。

（3）按焊接工艺要求对元器件进行焊接，背面用 $\Phi0.5$mm～$\Phi1$mm 镀锡裸铜线连接（使用双绞网线的芯线效果非常好），直到所有的元器件连接并焊完为止。

直流电动机正反转控制电路装接图如图 2-16 所示。

图 2-16　直流电动机正反转控制电路装接图

二、程序设计

根据电路原理图可知：当单片机的 P2.0 和 P2.1 分别输出 0 和 1 时，电动机正转；当 P2.0 和 P2.1 分别输出 1 和 0 时，电动机反转；当 P2.0 和 P2.1 均输出 0 或均输出 1 时，电动机停止。依此可编写控制电动机正转、反转和停止的程序。

控制直流电动机交替正反转（模拟洗衣机洗衣过程）的程序流程图如图 2-17 所示。

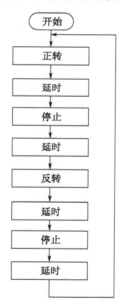

图 2-17　控制直流电动机交替正反转的程序流程图

根据程序流程图实现直流电动机交替正反转的程序如下：

```
ORG 0000H
LJMP    MAIN
ORG 0030H
MAIN:   CLR     P2.0        ;正转
SETB    P2.1
LCALL   DELAY
SETB    P2.0                ;停止
SETB    P2.1
```

```
        LCALL    DELAY
        SETB     P2.0                    ;反转
        CLR      P2.1
        LCALL    DELAY
        SETB     P2.0                    ;停止
        SETB     P2.1
        LCALL    DELAY
        LJMP     MAIN
DELAY:  MOV R7, #1EH                     ;三级嵌套的延时子程序
D3:     MOV R6, #21H
D2:     MOV R5, #0FAH
D1:     DJNZ     R5, D1
        DJNZ     R6, D2
        DJNZ     R7, D3
        RET
        END
```

注意：电动机在由正转突然变为反转时，将会产生较大的感生电动势，使电流突然增大，因此一般应先停止，再反转。此程序仅作为一个正反转控制的练习，实际应用中往往是通过按键、定时器或一定的条件来控制电动机正反转的。

项目评价

	项目检测	分值	评分标准	学生自评	教师评估	项目总评
任务知识内容	认识掌握 I/O 口的使用	15	能叙述 I/O 结构			
	掌握 I/O 口常用接口电路	15	会设计各种 I/O 接口电路			
	画出 LED 控制电路	20	设计出 LED 控制电路			
	编写相应程序	30	能根据硬件图编出相应的源程序			
	安全操作	10	工具使用、仪表安全			
	现场管理	10	出勤情况、现场纪律、协作精神			

项目小结

（1）MCS-51 系列单片机有 4 个 8 位并行输入/输出接口：P0 口、P1 口、P2 口和 P3 口，共计 32 根输入/输出线，作为与外部电路联络的引脚。这 4 个接口可以并行输入或输出 8 位数据，也可以按位使用，即每 1 位均能独立作为输入或输出。每个口都可作为通用 I/O 接口，但其功能又有所不同。其中 P1 口只能构成输入/输出接口；P0 口除了可作为通用 I/O 口使用之外，又构成系统的数据总线和地址总线的低八位；P2 口除了可作为通用 I/O 口使用外，又构成系统的地址总线的高八位；P3 口即可作为通用 I/O 口使用，它的每一根口线又都兼有第二功能。

（2）在使用 MCS-51 系列单片机驱动 LED 发光二极管或数码管时，要特别注意其驱动电流。一般来讲，由于 P1～P3 口内部上拉电阻较大，约为 20～40kΩ，属于"弱上拉"，因此 P1～P3 口引脚输出的高电平电流 I_{OH} 很小（约为 30～60μA），不足以点亮发光二极管，需要增加驱动电路。而输出低电平时，下拉 MOS 管导通，可吸收 1.6～15mA 的灌电流，负载能力较强，可以直接点亮发光二极管，而不需要额外增加驱动电路。

（3）片内数据存储器（内部 RAM）和片内程序存储器（内部 ROM）是供用户使用的重要单片机硬件资源。片内数据存储器即所谓的内部 RAM，主要用于数据缓冲和中间结果的暂存。其特点是掉电后数据即丢失。片内程序存储器又叫只读存储器，无法通过指令写入数据和修改其中的数据，只能通过特殊的方法（如编程器和下载线）才能写入或擦除，掉电后数据也不会丢失。程序存储器主要用来存放程序，但有时也会在其中存放数据表。

思考与练习

1．LED 控制电路中 LED 的闪烁、音频电路的单频率声音和继电器周期性的吸合释放的程序基本相同，只是延时时间不同，想一想对于每一个任务，各自的延时时间多长比较合适？

2．已知运行指令 MOV R0,#0FFH 需要 1μs，运行指令 DJNZ R0,LOOP 需要 2μs，试计算下面两个延时程序的延时时间。

（1）单级循环延时程序

MOVR0，#0FFH；延时程序

LOOP2：DJNZ　　R0，LOOP2

（2）循环嵌套延时程序

MOVR0,#0FFH；延时程序

LOOP2：MOVR1，#0FFH

LOOP1：DJNZR1，LOOP1

DJNZR0，LOOP2

项目三

MCS-51 单片机及其指令系统

单片机内部各功能部件构成单片机的硬件资源，而指令系统则是单片机的软件资源，掌握单片机的各种资源是学好单片机的前提条件。

知识目标

（1）了解 MCS-51 单片机的内部结构。
（2）掌握 MCS-51 单片机内部数据存储器的空间及地址范围。
（3）掌握 MCS-51 单片机内部程序存储器的空间及地址范围。
（4）了解 MCS-51 单片机中断地址区和中断入口地址。
（5）掌握 MCS-51 单片机各类指令及其使用。

项目知识

知识一　MCS-51 单片机基础

一、MCS-51 单片机内部结构及功能部件

MCS-51 单片机的内部结构如图 3-1 所示。

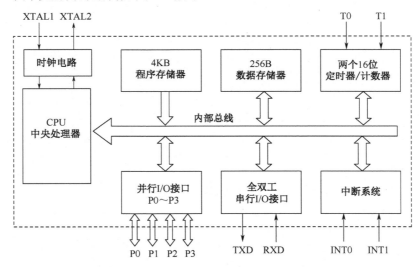

图 3-1　MCS 51 单片机内部结构方框图

MCS-51 单片机（51 子系列）内部主要包括由运算器和控制器组成的中央处理器、4KB 的程序存储器、256B 的数据存储器、两个 16 位的定时器/计数器、4 个 8 位并行 I/O 接口、1 个全双工的串行 I/O 接口、中断系统等。

（1）中央处理器：中央处理器（CPU）是整个单片机的核心部件，是 8 位数据宽度的处理器，能处理 8 位二进制数据或代码，CUP 负责控制、指挥和调度整个单元系统协调的工作，完成运算和控制输入/输出功能等操作。

（2）时钟电路：51 单片机内置高增益放大电路，外置晶振和振荡电容即可组成时钟电路，时钟电路用于产生整个单片机运行的脉冲时序。

（3）数据存储器（RAM）：51 单片机内部有 128 个数据存储单元和 128 个专用寄存器单元。数据存储单元可存放读写的数据、运算的中间结果，专用寄存器又称特殊功能寄存器，它反映了单片机的状态，实际上是单片机的状态及控制字寄存器。

（4）程序存储器（ROM）：51 单片机共有 4096（4KB）个 ROM 存储单元，用于存放用户程序、原始数据或表格。

（5）定时/计数器：51 单片机有两个 16 位可编程定时/计数器，以实现定时或计数，并能产生中断。

（6）并行输入/输出（I/O）口：51 单片机共有 4 组 8 位 I/O 口，即 P0、P1、P2 和 P3，用于实现和外部数据的传输。

（7）全双工串行口：51 单片机内置一个全双工串行通信口，用于与其他设备间的串行数据传送，该串行口既可以用做异步通信收发器，也可以用做同步移位器。

（8）中断系统：51 单片机具备较完善的中断功能，有两个外部中断、两个定时/计数器中断和一个串行中断，可满足不同的控制要求，并具有两级的优先级别选择。

二、MCS-51 单片机内部存储器及存储空间

1. 存储器的概念

什么是存储器呢？打个比方来说：存储器好比是一栋楼，假如这栋楼共有 256 层，每层有 8 个房间，每个房间可以存放 1 位二进制数,我们称这个存储器的空间是 256 字节（Byte），又叫 256 个单元，表示为 256B；每个单元有 8 个位置,每个位置可以存放一位二进制数 0 或 1，那么每个单元可以存放 8 位二进制数，如图 3-2 所示。

为了对指定单元存取数据，需要给每个单元编号，这个编号就是地址。在计算机中所有的编号都是从 0 开始的，如果用十进制编址就是 0、1、2、…、253、254、255 单元，如果用十六进制编址就是 00H、01H、02H、…、FDH、FEH、FFH，其中 H 表示是十六进制数。如果存储器空间大于 256B，则需要使用 4 位十六进制数进行编址，如 0000H、0001H 等。

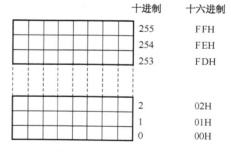

图 3-2　存储单元编址

在访问存储器时，有的单元只能 8 位同时存入或者同时取出，这种操作叫字节操作；有的单元既能字节操作，又能对该单元中的某 1 位单独操作，这种操作叫位操作。要想进行位操作，通常要给位分配一个地址，这个地址叫做位地址，就好象再给每层楼的每个房间再编

个号，如 0 号、1 号、…、7 号，用十六进制表示是 00H、01H、…、07H，由于单片机进行字节操作和位操作的指令不同，因此并不会混淆字节地址和位地址。

2. MCS-51 单片机存储器分类及配置

在单片机系统中，存储器分为两种：一种用于数据缓冲和数据暂存，称为数据存储器，简称 RAM（随机存储器），其特点是可以通过指令对其数据进行读写操作，掉电后数据即丢失；另一种用于存放程序和一些初始值（如段码、字形码等），简称 ROM（只读存储器），其特点是数据只能读取而不能写入和修改，数据能长久保存，即使掉电也能保存十年以上。

MCS-51 单片机 51 子系列（如 STC89C51RC）内部有 128B 的数据存储器和 4KB 的程序存储器，52 子系列（如 STC89C52RC）内部有 256B 的数据存储器和 8KB 的程序存储器，片外可寻址空间均为 64KB。

MCS-51 单片机数据存储器（RAM）空间结构如图 3-3 所示，其中 52 子系列的内部有两个地址重叠的高 128B，它们是两个独立的空间，采用不同的寻址方式访问，并不会造成混淆。

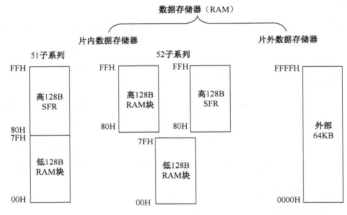

图 3-3　MCS-51 单片机数据存储器（RAM）空间结构图

MCS-51 单片机程序存储器（ROM）空间结构如图 3-4 所示。当单片机的 EA（31 脚）为高电平时，如果程序长度小于 4KB，CPU 执行内部程序，如果程序长度大于 4KB，CPU 从内部的 0000H 开始执行程序然后自动转向外部 ROM 的 10000H 开始的单元；当单片机的 EA（31 脚）为低电平时，程序跳过内部，直接从外部 ROM 开始执行程序。

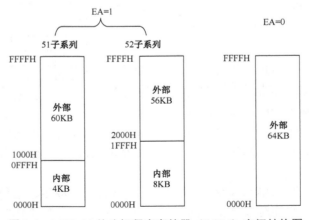

图 3-4　MCS-51 单片机程序存储器（ROM）空间结构图

3. 片内数据存储器

片内数据存储器（内部 RAM）和片内程序存储器（内部 ROM）是供用户使用的重要单片机硬件资源。

MCS-51 单片机内部 RAM 从功能上将 256B 空间分为两个不同的块：低 128B 的 RAM 块和高 128B 的特殊功能寄存器（SFR）块。

1）低 128B 的 RAM 块

低 128 单元的 RAM 块是供用户使用的数据存储器单元，按用途可把低 128 单元分为三个区域，如图 3-5 所示。

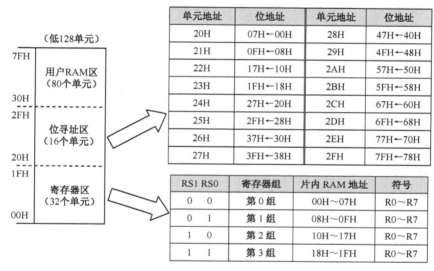

单元地址	位地址	单元地址	位地址
20H	07H←00H	28H	47H←40H
21H	0FH←08H	29H	4FH←48H
22H	17H←10H	2AH	57H←50H
23H	1FH←18H	2BH	5FH←58H
24H	27H←20H	2CH	67H←60H
25H	2FH←28H	2DH	6FH←68H
26H	37H←30H	2EH	77H←70H
27H	3FH←38H	2FH	7FH←78H

RS1 RS0	寄存器组	片内 RAM 地址	符号
0　0	第 0 组	00H～07H	R0～R7
0　1	第 1 组	08H～0FH	R0～R7
1　0	第 2 组	10H～17H	R0～R7
1　1	第 3 组	18H～1FH	R0～R7

图 3-5　内部 RAM 低 128 单元结构图

① 寄存器区。

地址为 00H～1FH 的空间为寄存器区，共 32 个单元，分成 4 个组，每个组 8 个单元，符号为 R0～R7，通过 RS1 位和 RS0 位的状态选定当前寄存器组，如图 3-5 中表格所示。任一时刻，CPU 只能使用其中的一组寄存器。

② 位寻址区。

地址为 20H～2FH 的 16 个单元空间称为位寻址区，这个区的单元既可以字节操作，也可以对每 1 位单独操作（置 1 或清 0），所以每一位都有自己的位地址。

通常在使用中，"位"有两种表示方式。一种是以位地址的形式，如图 3-5 中表格所示，例如 25H 单元的第 0 位的位地址是 28H；另一种是以单元地址加位的形式表示，例如同样的 25H 单元的第 0 位表示为 25H.0。

③ 用户 RAM 区。

地址为 30H～7FH 的 80 个单元空间是供用户使用的一般 RAM 区，对于该区，只能字节操作。

2）高 128B 的特殊功能寄存器（SFR）块

内部数据存储器的高 128 单元的地址为 80H～FFH，在这 128 个单元中离散地分布着若干个特殊功能寄存器（简称 SFR），也就是说其中有很多地址是无效地址，空间是无效空间。

这些特殊功能寄存器在单片机中起到非常重要的作用。MCS-51 单片机的特殊功能寄存器、标识符、地址见表 3-1。

表 3-1 特殊功能寄存器名称、标识符、地址一览表

SFR 名称	符 号	地 址	位地址或位名称							
			D7	D6	D5	D4	D3	D2	D1	D0
P0 口	P0	80H	87	86	85	84	83	82	81	80
堆栈指针	SP	81H								
数据指针低 8 位	DPL	82H								
数据指针高 8 位	DPTR DPH	83H								
定时器/计数器控制	TCON	88H	TF1	TR1	TF0	TR0	IE1	IT1	IE0	IT0
定时器/计数器方式控制	TMOD	89H	GATE	C/$\overline{\text{T}}$	M1	M0	GATE	C/$\overline{\text{T}}$	M1	M0
定时器/计数器 0 低 8 位	TL0	8AH								
定时器/计数器 1 低 8 位	TL1	8BH								
定时器/计数器 0 高 8 位	TH0	8CH								
定时器/计数器 1 高 8 位	TH1	8DH								
P1 口	P1	90H	97	96	95	94	93	92	91	90
电源控制	PCON	97H	SMOD	-	-	-	GF1	GF0	PD	IDL
串行控制	SCON	98H	SM0	SM1	SM2	REN	TB8	RB8	TI	RI
串行数据缓冲器	SBUF	99H								
P2 口	P2	A0H	A7	A6	A5	A4	A3	A2	A1	A0
中断允许控制	IE	A8H	EA	-	-	ES	ET1	EX1	ET0	EX0
P3 口	P3	B0H	B7	B6	B5	B4	B3	B2	B1	B0
中断优先级控制	IP	B8H	-	-	-	PS	PT1	PX1	PT0	PX0
程序状态字	PSW	D0H	CY	AC	F0	RS1	RS0	OV	-	P
累加器	A	E0H	E7	E6	E5	E4	E3	E2	E1	E0
B 寄存器	B	F0H	F7	F6	F5	F4	F3	F2	F1	F0

从表 3-1 可以看出：特殊功能寄存器反映了单片机的状态，实际上是单片机的状态及控制字寄存器。它大体上可分为两大类：一类作为芯片内部功能的控制用寄存器；一类作为与芯片引脚有关的寄存器。

SFR 块的地址空间为 80H～FFH，但仅有 21（51 子系列）字节作为特殊功能寄存器离散分布在这 128 字节范围内，其余字节无定义，用户不能对这些单元进行读/写操作。

在 SFR 的 80H～FFH 空间内，凡字节地址能被 8 整除的特殊功能寄存器都有位地址，共93 位，能够进行位操作，其位地址或位名称见表 3-1。

下面对几个最常用的特殊功能寄存器做一简单介绍，其余的在相关项目应用时介绍。

① 累加器 ACC。

累加器 ACC 简称 A，是所有特殊功能寄存器中最重要、使用频率最高的寄存器，常用于存放参加算术或逻辑运算的两个操作数中的一个，运算结果最终都存在 A 中，许多功能也只有通过 A 才能实现。

② B 寄存器。

B 寄存器也是 CPU 内特有的一个寄存器，主要用于乘法和除法运算，也可以作为一般寄存器使用。

③ 程序状态字寄存器 PSW。

程序状态字寄存器有时也称"标志寄存器"，由一些标志位组成，用于存放指令运行的状态。内部 8 位的具体定义见表 3-2。

表 3-2　MCS-51 中 PSW 寄存器各位功能

B7	B6	B5	B4	B3	B2	B1	B0
Cy	AC	F0	RS1	RS0	OV	-	P

Cy：进位标志。在进行加法运算且当最高位（B7 位）有进位时，或执行减法运算且最高位有借位时，Cy 为 1；反之为 0。

AC：辅助进位标志。在进行加法运算且当 B3 位有进位，或执行减法运算且 B3 位有借位时，AC 为 1；反之为 0。

RS1、RS0：工作寄存器组选择位，前面已介绍过。

F0：用户标志位，可通过位操作指令将该位置 1 或清 0。

PSW.1：保留位，用户可以自定义使用。

OV：溢出标志。在计算机内，带符号数一律用补码表示。在 8 位二进制中，补码所能表示的范围是 $-128\sim+127$，而当运算结果超出这一范围时，OV 标志为 1，即溢出；反之，为 0。

P：奇偶标志。该标志位始终体现累加器 A_{CC} 中"1"的个数的奇偶性。如果累加器 A_{CC} 中"1"的个数为奇数，则 P 位置 1；当累加器 A 中"1"的个数为偶数（包括 0 个）时，P 位为"0"。

④ 数据指针 DPTR。

数据指针 DPTR 是单片机中唯一一个用户可操作的 16 位寄存器，由 DPH（数据指针高 8 位）和 DPL（数据指针低 8 位）组成，既可以按 16 位寄存器使用，也可以将两个 8 位寄存器分开使用。

⑤ I/O 端口寄存器。

P0、P1、P2、P3 口寄存器实际上就是 P0 口～P3 口对应的 I/O 端口锁存器，用于锁存通过端口输出的数据。

4. 片内程序存储器

程序存储器主要用来存放程序，但有时也会在其中存放数据表（如数码管段码表等）。

STC89C51RC 芯片内有 4K 的程序存储器单元，其地址为 0000H～0FFFH。在程序存储器中地址为 0000H～002AH 的 43 个单元在使用时是有特殊规定的。

其中 0000H～0002H 三个单元是系统的启动单元，0000H 称为复位入口地址，因为系统复位后，单片机从 0000H 单元开始取指令执行程序。但实际上三个单元并不能存下任何完整的程序，使用时应当在复位入口地址存放一条无条件转移指令，以便转移到指定的程序执行。

地址为 0003H～002AH 的 40 个单元被均匀地分为五段，每段 8 个单元，分别作为五个中断源的中断地址区。具体划分见表 3-3。

表 3-3　中断地址区及中断入口地址

中　断　源	中　断　号	中断地址区	入　口　地　址
外部中断 0	0	0003H～000AH	0003H
定时/计数器 0 中断	1	000BH～0012H	000BH
外部中断 1	2	0013H～001AH	0013H
定时/计数器 1 中断	3	001BH～0022H	001BH
串行中断	4	0023H～000AH	0023H

中断响应后，CPU 能按中断种类，自动转到各中断区的入口地址去执行程序。但实际上 8 个单元难以存下一个完整的中断服务程序，我们可以在中断区的入口地址存放一条无条件转移指令，而将实际的中断服务程序存放在后面的其他空间。在中断响应后，通过入口地址的这条无条件转移指令再转到实际的中断服务程序执行。

议一议：

（1）特殊功能寄存器 PSW 有什么用？内部每一位的含义是什么？

（2）程序存储器中各个入口的含义和作用是什么？所对应的地址分别是多少？

（3）五个中断源的中断地址区在程序存储器中都只有八个存储单元空间，当中断程序超出八个单元时，应该怎样安排程序的存储？

知识二　MCS-51 单片机指令系统

指令系统指的是一个 CPU 所能够处理的全部指令的集合，是一个 CPU 的根本属性。MCS-51 单片机包括数据传送、算术运算、逻辑运算、控制转移、位操作等五大类共计 111 条指令，熟悉这些指令的格式及使用是汇编语言程序设计的基础。

一、相关符号约定

MCS-51 系列单片机共有 111 条。按功能可将这些指令分成数据传送类指令（29 条）、算术运算类指令（24 条）、逻辑运算类指令（24 条）、控制转移类指令（17 条）、位操作类指令（17 条）五大类。

在介绍 MCS-51 单片机指令系统时，为叙述方便，约定一些符号的含义如下。

（1）Rn（n=0～7）：表示工作寄存器组 R7～R0 中的某一寄存器。

（2）@Ri（i=0，1）：以寄存器 R0 或 R1 作为间接地址，表示以 R0 或 R1 中的数为地址的存储单元中的数。例如 R0 中的数为 30H，30H 单元中的数为 06H，则@R0 指的是 30H 单元中的数 06H。

（3）@DPTR：以数据指针 DPTR（16 位）作为间接地址，含义同@Ri，但由于 DPRT 是 16 位寄存器，@DPTR 一般指向片外 RAM，用于单片机内部和外部之间的数据传送。

（4）#data：为 8 位立即数。

（5）#data16：为 16 位立即数。

（6）direct：8 位直接地址，一般是内部 RAM 的 00～7FH 单元字节地址。

（7）bit：位地址。

（8）rel：8 位偏移地址。

（9）addr11：11 位目标地址。

（10）addr16：16 位目标地址，用于 LCALL 和 LJMP 指令中，转移范围为 64KB。

（11）/bit：位取反。

（12）（X）：表示 X 中的内容。

（13）（（X））：表示（X）作为地址，该地址中的数。

（14）←：表示将箭头一方的内容，送入箭头另一方的单元中，箭头的方向代表传送的方向。

二、MCS-51 单片机指令系统分类介绍

1. 数据传送类指令（29 条）

数据传送是计算机系统中最常见、最基本的操作。其任务是实现系统内不同存储单元之间的数据传送。

通用格式：MOV <目的操作数>,<源操作数>

数据由源操作数传向目的操作数，需要指出的是这里的传送实际上是复制，也就是将源操作数复制一份送入目的操作数中，而源操作数不变。

数据传送指令一般不影响程序状态字寄存器 PSW 中的标志位，只有当数据传送到累加器 A 时，PSW 中的奇偶标志位 P 才会改变。原因是奇偶标志位 P 总是体现累加器 A 中"1"的个数的奇偶性。

在 MCS-51 指令系统中，数据传送指令又包括以下几种情况。

1）内部数据存储器 RAM 间数据传送指令

内部数据存储器 RAM 间数据传送的指令最多，共有 16 条，指令操作码助记符为 MOV。内部数据存储器 RAM 之间的数据传送关系如图 3-6 所示。

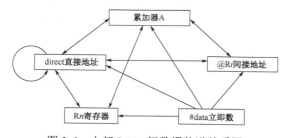

图 3-6　内部 RAM 间数据传送关系图

由图 3-6 可以看出，累加器 A 可以接受所有来源的数据，立即数只能作为源操作数，直接地址和直接地址之间可以互相传送数据，如 MOV 30H,40H，@Ri 间接地址之间不能互相传送数据，如 MOV @R2,@R2 是非法指令，Rn 寄存器之间不能互相传送数据，如 MOV

R1,R2 是非法指令，另外 @Ri 间接地址和 Rn 寄存器之间也不能互相传送数据，如 MOV @R0,R2 和 MOV R2,@R0 都是非法指令。内部数据存储器 RAM 间数据传送指令的格式及功能见表 3-4。

表 3-4　内部数据存储器 RAM 间数据传送指令的格式及功能

序　号	指令名称	指令格式	功　能	指令举例
1	以累加器 A 为目的操作数的数据传送指令	MOV A,Rn	A←Rn	MOV A,R6
2		MOV A,direct	A←（direct）	MOV A,30H
3		MOV A,@Ri	A←（Ri）	MOV A,@R0
4		MOV A,#data	A←data	MOV A,#45H
5	以 Rn 寄存器为目的操作数的数据传送指令	MOV Rn,A	Rn←A	MOV R4,A
6		MOV Rn,direct	Rn←（direct）	MOV R2,33H
7		MOV Rn,#data	Rn←data	MOV R7,#0FFH
8	以直接地址 direct 为目的操作数的数据传送指令	MOV direct,A	direct←A	MOV 40H,A
9		MOV direct,Rn	（direct）←Rn	MOV 3AH,R0
10		MOV direct2,direct1	（direct2）←（direct1）	MOV 30H,40H
11		MOV direct,@Ri	（direct）←（Ri）	MOV 30H,@R1
12		MOV direct,#data	（direct）←data	MOV 50H,#00H
13	以 Ri 间接地址为目的操作数的数据传送指令	MOV @Ri,A	（Ri）←A	MOV @R0,A
14		MOV @Ri,direct	（Ri）←（direct）	MOV @R1,5AH
15		MOV @Ri,#data	（Ri）←data	MOV @R0,#0AH
16	16 位立即数传送指令	MOV DPTR,#data16	DPH←D15～D8 DPL←D7～D0	MOV DPTR,#3A4BH

2）外部数据存储器 RAM 数据传送指令

外部数据存储器 RAM 数据传送指令的格式及功能见表 3-5。

表 3-5　外部数据存储器数据传送指令的格式及功能

序　号	指令名称	指令格式	功　能	指令举例
17	外部数据存储器数据传送指令	MOVX A,@DPTR	A←（DPTR）	MOVX A,@DPTR
18		MOVX @DPTR,A	（DPTR）←A	MOVX @DPTR,A
19		MOVX A,@Ri	A←（Ri）	MOVX A,@R0
20		MOVX @Ri,A	（Ri）←A	MOVX @R0,A

说明：

① 对外部 RAM 的访问只能通过累加器 A。

② 对外部 RAM 的访问必须采用寄存器间接地址的方式。

寄存器间接地址的形式有两种：8 位寄存器 R0、R1 和 16 位寄存器 DPTR。当通过 DPTR 寄存器间接寻址方式读写外部 RAM 时，先将 16 位外部 RAM 地址放在数据指针 DPTR 寄存

器中，然后以 DPTR 作为间接地址寄存器，通过累加器 A 进行读写。例如要读写外部 RAM 的 3F7EH 存储单元，方法为：

```
MOV DPTR,#3F7EH ;将外部 RAM 存储单元地址 3F7EH 以立即数形式传送到 DPTR
MOVX A,@DPTR    ;将 DPTR 指定的外部存储单元（3F7EH）送累加器 A
MOVX @DPTR, A   ;将累加器 A 输出到 DPTR 指定的外部存储单元（3F7EH）中
```

当通过 R0 或 R1 寄存器间接地址方式读写外部 RAM 时，先将外部 RAM 存储单元地址放在 R0 或 R1 寄存器中，然后以 R0 或 R1 作为间接寻址寄存器，通过累加器 A 进行读写，但由于 R0 或 R1 为 8 位寄存器，一般只能访问外部 RAM 的 00H～FFH 地址范围的存储单元。

③ 访问外部 RAM 的指令也作为访问扩展的外部设备端口的数据传送指令，例如：已知某外设端口的地址为 3F4DH，则对此端口的读写操作为：

```
MOV DPTR,#3F4DH    ;赋端口地址
MOVX    A,@DPTR    ;将外设中的数据读入 A
MOVX    @DPTR,A    ;将 A 中的数据写入外设中
```

外部 RAM 的不同存储单元之间也不能直接传送，需要通过累加器 A 作为中介。

例 1 把外部 RAM 的 2000H 单元内容传送到 3000H 单元中（两单元之间的数据传送）。

```
MOV DPTR, #2000H    ;DPTR 指向单元地址 2000H
MOVX    A, @DPTR    ;2000H 单元内容送入 A
MOV DPTR, #3000H    ;DPTR 指向单元地址 3000H
MOVX    @DPTR, A    ;A 中的内容送入 3000H 单元
```

3）程序存储器向累加器 A 传送数据指令（查表指令）

为了取出存放在程序存储器中的表格数据，MCS-51 单片机提供了两条查表指令，这两条指令的操作码助记符为"MOVC"，其中"C"的含义是 Code（代码），表示操作对象是程序存储器。累加器 A 与程序存储器 ROM 之间的数据传送指令（查表指令）的格式及功能见表 3-6。

表 3-6 查表指令的格式及功能

序 号	指令名称	指 令 格 式	功 能	指 令 举 例
21	程序存储器向累加器 A 传送数据指令（查表指令）	MOVC A,@A+DPTR	A←（A+DPTR）	MOVC A,@A+DPTR
22		MOVC A,@A+PC	A←（A+PC）	MOVC A,@A+PC

其中"MOVC A,@A+DPTR"指令以 DPTR 作为基址，加上累加器 A 内容后，所得的 16 位二进制数作为待读出的程序存储器单元地址，并将该地址单元的内容传送到累加器 A 中。这条指令主要用于查表，例如在程序存储器中，依次存放 0～9 的八段数码显示器的字形码 0C0H, 0F9H, 0A4H, 0B0H, 99H, 92H, 82H, 0F8H, 80H, 90H，则当需要在 P1 口输出某一数码，如"5"时，可通过如下指令实现：

```
MOV DPTR,#TAB     ;将字形表的首地址传送到 DPTR 中
MOV A,#05H        ;把待显示的数码传送到累加器 A 中
MOVC    A,@A+DPTR ;表的首地址加 05H 的单元中的内容（6DH）送 A
```

```
MOV P1,A                    ;将数码"5"对应的字模码"6D"输出到 P1 口
    TAB: DB 3FH,06H,5BH,4FH,66H,6DH,7DH,07H,7FH,6FH,77H,7CH,39H,5EH,79H,71H
```

由于程序存储器只能读出，不能写入，因此没有写程序存储器指令。如 MOVC @A+DPTR,A 是非法指令。

4）堆栈操作指令

堆栈是在单片机 RAM 中，专门划出的一个特殊区域，这个区域占用 RAM 低 128 个单元的若干个单元，主要用于子程序调用及返回、中断处理断点的保护及返回，它在完成子程序嵌套和多重中断处理中是必不可少的。为了正确存取堆栈区内的数据，进入栈区的数据遵循"先进后出"的原则，并需要一个寄存器来指示最后进入堆栈的数据所在存储单元的地址，这个寄存器叫做堆栈指针 SP。对于堆栈，应掌握以下几点。

① 堆栈指针 SP：用来指出当前栈顶的存储单元的地址。

② 栈底地址：用来确定堆栈的深度。栈底地址可以指向内部 RAM 中任一单元，且堆栈向上生长，当堆栈中没有数据时，栈顶和栈底是同一个单元，将数据压入堆栈后 SP 寄存器内容增大。MCS-51 单片机系统复位后，栈底的地址为 07H，实际编程时，最好先将 SP 设置到 RAM 地址的高端，如 60H 以上，避免堆栈中的数据破坏用户放在 RAM 中的临时数据。指令如下：

```
MOV SP,#60H
```

③ 堆栈原则：堆栈操作遵循"先进后出"的原则。当把多个数据压入堆栈时要特别注意该原则。

堆栈的结构及工作原理如图 3-7 所示。先进入堆栈的数据处于堆栈的下面，最后进入堆栈的数据总是在栈顶的位置，堆栈指针的值即为栈顶的地址。这 4 个数据的压栈顺序为 96H、2AH、58H、32H，根据"先进后出"的原则，这 4 个数据的出栈顺序为 32H、58H、2AH、96H。

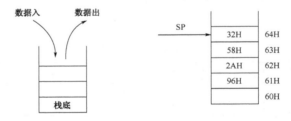

图 3-7　堆栈结构及工作原理

堆栈操作是单片机系统基本操作之一。设置堆栈操作的目的：一是为了保护断点，以便子程序或中断服务子程序运行结束后，能正确返回主程序，保护断点是自动进行的，并不需要指令来完成；二是为了保护现场，例如在主程序中正在使用累加器 A，响应中断后在中断服务程序中也要用到累加器 A，就会修改累加器 A 中的内容，再返回到主程序可能会造成数据出错，保护现场必须由人工通过指令完成。MCS-51 单片机堆栈操作指令的格式及功能见表 3-7。

表 3-7　堆栈操作指令的格式及功能

序　号	指令名称	指令格式	功　能	指令举例
23	堆栈操作指令	PUSH　direct	将 direct 中的内容压入堆栈	PUSH A PUSH PSW
24		POP　direct	将堆栈栈顶的内容弹出到 direct	POP PSW POP A

在中断服务程序开始处安排若干条 PUSH 指令，把需要保护的特殊功能寄存器内容压入堆栈，在中断服务程序返回指令前，安排相应的 POP 指令，将寄存器中的原来内容弹出。但 PUSH 和 POP 指令必须成对，且必须遵循"后进先出"的原则，即入栈顺序与出栈顺序相反，因此中断服务程序结构如下：

```
PUSH    PSW        ;保护现场
PUSH    A
……                 ;中断服务程序实体
POP A              ;恢复现场
POP PSW
RETI                ;中断服务程序返回
```

5）字节交换指令

MCS-51 单片机提供了四条字节交换指令和两条半字节交换指令，这些指令的格式及功能见表 3-8。

表 3-8　字节交换指令的格式及功能

序　号	指令名称	指令格式	功　能	指令举例
25	字节交换指令	XCH　A,Rn	A 和 Rn 内容对调	XCH A,R5
26		XCH　A,direct	A 和（direct）内容对调	XCH A,30H
27		XCH　A,@Ri	A 和（Ri）内容对调	XCH A,@R0
28	半字节交换指令	XCHD　A,@Ri	A 低 4 位和（Ri）低 4 位对调	XCHD A,@R0
29	累加器高低 4 位互换指令	SWAP　A	A 高 4 位与 A 低 4 位对调	SWAP A

例 2　将 30H 单元的内容高低 4 位互换。则可执行如下指令：

```
MOV A,30H
SWAP    A
MOV 30H,A
```

2. 算术运算类指令（24 条）

MCS-51 单片机系统提供了丰富的算术运算指令，如加法运算、减法运算、加 1 指令、减 1 指令，以及乘法、除法指令等。

一般情况下，算术运算指令执行后会影响程序状态字寄存器 PWS 中相应的标志位。

1）加法指令

加法指令的格式及功能见表3-9。

表3-9 加法指令的格式及功能

序　号	指令名称	指令格式	功　能	指令举例
30	不带进位的加法指令	ADD　A,Rn	A←A+Rn	ADD A,R3
31		ADD　A,direct	A←A+（direct）	ADD A,3BH
32		ADD　A,@Ri	A←A+（Ri）	ADD A,@R1
33		ADD　A,#data	A←A+data	ADD A,#5EH
34	带进位的加法指令	ADDC　A,Rn	A←A+Rn+Cy	ADDC A,R4
35		ADDC　A,direct	A←A+（direct）+Cy	ADDC A,32H
36		ADDC　A,@Ri	A←A+（Ri）+Cy	ADDC A,@R0
37		ADDC　A,#data	A←A+data+Cy	ADDC A,#38H

说明：

① 所有加法指令的目的操作数均是累加器 A，源操作数可以是寄存器、直接地址、寄存器间接地址、立即数四种寻址方式。相加的结果存放在累加器 A 中。

② 加法指令执行后将影响进位标志 Cy、溢出标志 OV、辅助进位标志 A_C 及奇偶标志 P。

相加后，若 B7 位有进位，则 Cy 为 1；反之为 0。B7 有进位，表示两个无符号数相加时，结果大于 255，和的低 8 位存放在累加器 A 中，进位存放在 Cy 中。

相加后，若 B3 位向 B4 位进位，则 Ac 为 1；反之为 0。

由于奇偶标志 P 总是体现累加器 A 中"1"的奇偶性，因此 P 也会改变。

③ 带进位加法指令中的累加器 A 除了加源操作数外，还需要加上程序状态字寄存器 PSW 中的进位标志 Cy。设置带进位加法指令的目的是为了实现多字节加法运算。

例 3 双字节无符号数加法（R0R1）+（R2R3），结果存放在（R4R5）。

R0、R2、R4 存放 16 位数的高字节，R1、R3、R5 存放低字节。由于不存在 16 位数的加法指令，所以只能先加低 8 位，而在加高 8 位时连低 8 位相加时产生的进位一起相加。其编程如下：

```
MOV A, R1          ;取被加数低字节
ADD    A, R3       ;低字节相加
MOV    R5, A       ;保存低字节和
MOV A, R0          ;取高字节被加数
ADDC   A, R2       ;取高字节之和加低位进位
MOV    R4, A       ;保存高字节和
```

2）减法指令

减法指令的格式及功能见表3-10。

表3-10 减法指令的格式及功能

序　号	指令名称	指令格式	功　能	指令举例
38	带借位减法指令	SUBB　A,Rn	A←A−Rn−Cy	SUBB A,R7
39		SUBB　A,direct	A←A−（direct）−Cy	SUBB A,32H
40		SUBB　A,@Ri	A←A−（Ri）−Cy	SUBB A,@R0
41		SUBB　A,#data	A←A−data−Cy	SUBB A,#6FH

MCS-51 单片机指令系统只有带借位减法指令,被减数是累加器 A,减数可以是内部 RAM、特殊功能寄存器或立即数之一,结果存放在累加器 A 中。与加法指令类似,操作结果同样会影响标志位。

Cy 为 1,表示被减数小于减数,产生借位。

相减时,如果 B3 位向 B4 位借位,则 AC 为 1;反之为 0。

奇偶标志 P 总是体现累加器 A 中"1"的奇偶性,因此 P 也会变化。

由于 MCS-51 单片机指令系统只有带借位的减法指令,因此,当需要执行不带借位的减法指令时,可先通过"CLR C"指令,将进位标志 Cy 清 0。

例 4　用减法指令求内部 RAM 中 40H 单元和 41H 单元的差,结果放入 42H 单元。

实现程序如下:

```
MOV     A,40H       ;先把被减数传送到累加器 A 中
CLR C               ;进位标志 Cy 清 0
SUBB    A,41H       ;减去 41H 单元的内容
MOV 42H, A          ;将结果传送到 42H 单元
```

3)加 1 指令

加 1 指令使操作数加 1。加 1 指令的格式及功能见表 3-11。

表 3-11　加 1 指令的格式及功能

序　号	指令名称	指令格式	功　能	指令举例
42		INC A	A←A+1	INC A
43		INC Rn	Rn←Rn+1	INC R2
44	加 1 指令	INC direct	(direct) ← (direct) +1	INC 30H
45		INC @Ri	(Ri) ← (Ri) +1	INC @R0
46		INC DPTR	DPTR←DPTR+1	INC DPTR

加 1 指令不影响标志位,只有操作对象为累加器 A 时,才影响奇偶标志位 P。

当操作数初值为 0FFH,则加 1 后,将变为 00H。

4)减 1 指令

减 1 指令使操作数减 1。减 1 指令的格式及功能见表 3-12。

表 3-12　减 1 指令的格式及功能

序　号	指令名称	指令格式	功　能	指令举例
47		DEC A	A←A−1	DEC A
48	减 1 指令	DEC Rn	Rn←Rn−1	DEC R5
49		DEC direct	(direct) ← (direct) −1	DEC 3AH
50		DEC @Ri	(Ri) ← (Ri) −1	DEC @R0

与加 1 指令情况类似,减 1 指令也不影响标志位,只有当操作数是累加器 A 时,才影响奇偶标志位 P。

当操作数的初值为 00H 时,减 1 后,结果将变为 FFH。

其他情况与加 1 指令类似。

5）乘、除法指令

MCS-51 单片机指令系统提供了 8 位无符号数乘、除法指令，乘、除法指令的格式及功能见表 3-13。

表 3-13 乘、除法指令的格式及功能

序 号	指令名称	指令格式	功 能	指令举例
51	乘法指令	MUL AB	A←A×B 的低 8 位 B←A×B 的高 8 位	MUL AB
52	除法指令	DIV AB	A（商）←A÷B B（余数）←A÷B	DIV AB

在乘法指令中，被乘数放在累加器 A 中，乘数放在寄存器 B 中，乘积的高 8 位放在寄存器 B 中，低 8 位放在累加器 A 中。

该指令影响标志位：当结果大于 255 时，OV 为 1，反之为 0，进位标志 Cy 总为 0，AC 保持不变，奇偶标志 P 随累加器 A 中"1"的个数变化而变化。

MCS-51 单片机指令系统没有提供 8 位×16 位、16 位×16 位、16 位×24 位等多字节乘法指令，只能通过单字节乘法指令完成多字节乘法运算。

在除法指令中，被除数放在累加器 A 中，除数放在寄存器 B 中，商放在累加器 A 中，余数放在寄存器 B 中。

该指令影响标志位：如果除数（寄存器 B）不为 0，执行后，溢出标志 OV、进位标志 Cy 总为 0；如果除数为 0，执行后，结果将不确定，OV 置 1，Cy 仍为 0；AC 保持不变；奇偶标志 P 位随累加器 A 中"1"的个数变化而变化。

尽管 MCS-51 单片机指令系统没有提供 16 位÷8 位、32 位÷16 位等多位除法运算指令，但可以借助减法或类似多项式除法运算规则完成多位除法运算，相应的计算读者可查阅相关资料。

例 5 利用单字节乘法指令进行双字节数乘以单字节数的运算。

若双字节数的高 8 位存放在 30H 单元，低 8 位存放在 31H 单元，单字节数存放在 32H 单元，积存入 40H、41H、42H 单元（从高位到低位）。该运算步骤为：将 16 位被乘数分为高 8 位和低 8 位，首先由低 8 位与 8 位数相乘，所得的积的低 8 位即为最终结果的低 8 位，存入 42H 单元，积的高 8 位暂存于 41H 单元。再用 16 位被乘数的高 8 位乘以乘数，所得的积的低 8 位与暂存于 41H 单元的内容相加存入 41H 单元作为最终结果的中间 8 位，而积的高 8 位还要与低位进位 Cy 相加才能存入 40H 单元，作为最终结果的高 8 位。以上过程可由图 3-8 表示。

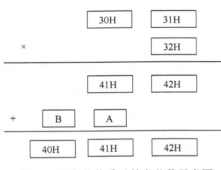

图 3-8 双字节数乘以单字节数示意图

实现程序如下：

```
MOV  A,31H        ;取 16 位数的低 8 位
MOV    B,32H      ;取乘数
```

```
MUL   AB              ;相乘
MOV   42H,A           ;存积低 8 位
MOV       41H,B       ;暂存积高 8 位
MOV   A,30H           ;取 16 位数的高 8 位
MOV       B,32H       ;取乘数
MUL       AB          ;相乘
ADD       A,41H       ;相加得积的中间 8 位
MOV   41H,A           ;积的中间 8 位存于 41H
MOV   A,B             ;积高 8 位送 A
ADDC  A,#00H          ;带进位加法加 0 相当于加进位
MOV   40H,A           ;积的最高 8 位存入 40H
```

6）十进制调整指令

十进制调整指令的格式及功能见表 3-14。

表 3-14　十进制调整指令的格式及功能

序　　号	指 令 名 称	指 令 格 式	功　　能	指 令 举 例
53	十进制调整指令	DA　A	根据进位标志 Cy、辅助进位标志 AC 以及累加器 A 内容，将累加器 A 内容转化为 BCD 码形式	DAA

十进制调整指令是一条对 BCD 码的加法进行调整的指令。两个压缩的 BCD 码按二进制相加时，必须经过十进制调整指令调整后才能得到正确的结果，实现十进制的运算。由于指令要利用 AC、Cy 等标志才能起到正确的调整作用，因此它必须跟在加法 ADD、ADDC 指令后面方可使用。

该指令的操作过程为：若相加后累加器 A 低 4 位大于 9 或半进位标志 AC=1，则加 06H 修正；若 A 的高 4 位大于 9 或进位标志 Cy=1，则对高 4 位加 06H 修正；若 Cy=1 和 AC=1 同时发生，或者高 4 位虽等于 9 但低 4 位修正后有进位，则 A 应加 66H 修正。

在使用中，对用户而言，只要保证参加运算的两数为 BCD 码，并先对 BCD 码进行二进制加法运算（用 ADD、ADDC 指令），然后紧跟一条 DA A 指令即可把结果 16 进制数调整为人们习惯的十进制数，使用是很方便的。

例 6　对 BCD 码加法 65+58 进行十进制调整。

实现程序如下：

```
MOV A,#65H
ADD A,#58H
DA A
```

执行完 ADD 指令后结果为 BDH，经过 DA A 十进制调整指令后结果为 123，即 65+58=123。

3. 逻辑运算类指令（24 条）

MCS-51 单片机指令系统提供了丰富的逻辑运算指令，包括逻辑非（取反）、与、或、异或，以及循环移位操作等。

1）逻辑与运算指令

逻辑与运算指令的格式及功能见表3-15。

表3-15　逻辑与运算指令的格式及功能

序　号	指令名称	指令格式	功　能	指令举例
54	逻辑与运算指令	ANL　A,Rn	A←A∧Rn	ANL A,R2
55		ANL　A,direct	A←A∧（direct）	ANL A,55H
56		ANL　A,@Ri	A←A∧（Ri）	ANL A,@R0
57		ANL　A,#data	A←A∧data	ALNL A,#0FH
58		ANL　direct, A	（direct）←（direct）∧A	ANL 31H,A
59		ANL　direct, #data	（direct）←（direct）∧#data	ANL 33H,#58H

逻辑与运算指令是将两个操作数按位进行逻辑"与"的操作。

例如：（A）=FAH=11111010B，（R1）=7FH=01111111B

执行指令：ANL　A, R1

结果为：（A）=01111010B=7AH

逻辑与ANL指令常用于屏蔽（置0）字节中某些位。若清除某位，则用"0"和该位相与；若保留某位，则用"1"和该位相与。

例如：（P1）=C5H=11000101B，屏蔽P1口高4位

执行指令：ANL　P1，#0FH

结果为：（P1）=05H=00000101B

2）逻辑或运算指令

逻辑或运算指令的格式及功能见表3-16。

表3-16　逻辑或运算指令的格式及功能

序　号	指令名称	指令格式	功　能	指令举例
60	逻辑或运算指令	ORL　A,Rn	A←A∨Rn	ORL A,R2
61		ORL　A,direct	A←A∨（direct）	ORL A,30H
62		ORL　A,@Ri	A←A∨（Ri）	ORL A,@R0
63		ORL　A,#data	A←A∨data	ORL A,#33H
64		ORL　direct,A	（direct）←（direct）∨A	ORL 4AH,A
65		ORL　direct,#data	（direct）←（direct）∨#data	ORL 34H,#06H

逻辑或运算指令是将两个操作数按位进行逻辑"或"的操作。

例如：（A）=FAH=11111010B，（R1）=7FH=01111111B

执行指令：ORL　A, R1

结果为：（A）=11111111B=FFH

逻辑与ORL指令常用于使字节中某些位置"1"。若保留某位，则用"0"和该位相或；若置位某位，则用"1"和该位相或。

例如：（P1）=C5H=11000101B，将 P1 口低 4 位置 "1"

执行指令：ORL P1，#0FH

结果为：（P1）=05H=11001111B

3）逻辑异或运算指令

逻辑异或运算指令的格式及功能见表 3-17。

表 3-17 逻辑异或运算指令的格式及功能

序号	指令名称	指令格式	功能	指令举例
66	逻辑异或运算指令	XRL A,Rn	A←A $\oplus$ Rn	XRL A,R5
67		XRL A,direct	A←A $\oplus$ （direct）	XRL A,5AH
68		XRL A,@Ri	A←A $\oplus$ （Ri）	XRL A,@R1
69		XRL A,#data	A←A $\oplus$ data	XRL A,#88H
70		XRL direct,A	（direct）←（direct） $\oplus$ A	XRL 4AH,A
71		XRL direct,#data	（direct）←（direct） $\oplus$ #data	XRL 30H,#data

逻辑异或运算指令是将两个操作数按位进行逻辑 "异或" 的操作。

4）累加器清零与取反指令

累加器清零与取反指令的格式及功能见表 3-18。

表 3-18 累加器清零与取反指令的格式及功能

序号	指令名称	指令格式	功能	指令举例
72	累加器清零指令	CLR A	A←0	CLR A
73	累加器取反指令	CPL A	A←$\overline{A}$	CPL A

5）循环移位指令

循环移位指令的格式及功能见表 3-19。

表 3-19 循环移位指令的格式及功能

序号	指令名称		指令格式	功能	指令举例
74	循环左移指令	循环左移	RL A	A7 ... A0	RL A
75		带进位循环左移	RLC A	Cy A7 ... A0	RLC A

续表

序 号	指 令 名 称		指 令 格 式	功 能	指 令 举 例
76	循环右移指令	循环右移	RR A	A7 ········· A0 循环右移示意图	RR A
77		带进位循环右移	RRC A	Cy、A7 ········· A0 带进位循环右移示意图	RRC A

循环移位指令的操作数只能是累加器 A，指令每执行一次，循环移位一位。

这类指令的特点是不影响程序状态字寄存器 PSW 中的标志位。只有带进位 Cy 循环移位时，才影响 Cy 和奇偶标志 P。

4. 控制转移类指令（17 条）

以上介绍的指令均属于顺序执行指令，即执行了当前指令后，接着就执行下一条指令。但是在单片机系统中，只有顺序执行指令是不够的。有了控制转移类指令，就能很方便地实现程序的向前、向后跳转，并根据条件分支运行、循环运行、调用子程序等。

1）无条件跳转指令

MCS-51 单片机指令系统中无条件跳转指令的格式及功能见表 3-20。

表 3-20　无条件跳转指令的格式及功能

序 号	指 令 名 称	指 令 格 式	功 能	指 令 举 例
78	绝对无条件跳转	AJMP addr11	跳转到下条指令的地址的高 5 位和 addr11 组成的地址处	AJMP MAIN（标号）
79	长跳转	LJMP addr16	跳转到 addr16 指定的地址处	LJMP MAIN（标号）
80	短跳转	SJMP rel	跳转到下条指令的地址加上偏移量 rel 的地址处	SJMP MAIN（标号）
81	间接跳转	JMP @A+DPTR	跳转到 A+DPTR 指定的地址处	JMP @A+DPTR

无条件跳转指令的含义是执行了该指令后，程序将无条件跳到指令中给定的存储器地址单元执行。

① 长跳转指令给出了 16 位地址，该地址就是转移后要执行的指令码所在的存储单元地址，因此，该指令执行后，将指令中给定的 16 位地址装入程序计数器 PC。长跳转指令可使程序跳到 64KB 范围内的任一单元执行，常用于跳到主程序、中断服务程序入口处，如：

```
ORG 0000H
LJMP MAIN        ;MAIN 为主程序入口地址标号
ORG 0013H
LJMP INT_1       ;INT_1 为外中断 1 服务程序入口地址标号
```

② 绝对跳转指令 AJMP 只需 11 位地址，即该指令执行后，仅将指令中给定的 11 位地址装入程序计数器 PC 的低 11 位，而高 5 位（PC15～PC11）保持不变。因此 AJMP 指令只能实现 2KB 范围内的跳转。

③ 短跳转指令"SJMP rel"中的 rel 是一个带符号的 8 位地址,范围在-128~+127 之间。当偏移量为负数(用补码表示)时,向前跳转;而当偏移量为正数时,向后跳转。

④ 在间接跳转"JMP @A+DPTR"指令中,将 DPTR 内容与累加器 A 相加,得到的 16 位地址作为 PC 的值。因此,通过该指令可以动态修改 PC 的值,跳转地址由累加器 A 控制,常用作多分支跳转指令。

说明:表面上看这些指令不太容易理解,其实用起来非常简单,即无论是哪种形式的跳转指令,我们只需要在程序中写所要跳转的位置的标号就可以了,编译软件会自动计算地址。

2)条件跳转指令

MCS-51 单片机指令系统提供了满足不同条件的跳转指令。条件跳转指令的格式及功能见表 3-21。

表 3-21 条件跳转指令的格式及功能

序 号	指 令 名 称	指 令 格 式	功 能	指 令 举 例
82	累加器 A 判零转移指令	JZ rel	累加器 A 为 0 跳转,不为 0 则顺序执行	JZ HERE(标号)
83		JNZ rel	累加器 A 不为 0 跳转,为 0 则顺序执行	JNZ HERE(标号)
84	比较转移指令	CJNE A,direct,rel	参与比较的两数若相等,则不跳转,程序顺序执行;若两数不等,则跳转;当目的操作数大于源操作数时 Cy=0,当目的操作数小于源操作数时 Cy=1	CJNE A,30H,NEXT
85		CJNE A,#data,rel		CJNEA,#60,NEXT
86		CJNE Rn,#data,rel		CJNE R6,#60,NEXT
87		CJNE @Ri,#data,rel		CJNE @R0,#24,NEXT
88	减 1 条件转移指令	DJNZ Rn, rel	Rn 中的内容减 1,若不为 0,则跳转;若为 0,则程序顺序执行	DJNZ R0,LOOP
89		DJNZ direct, rel	直接地址中的内容减 1,若不为 0,则跳转;若为 0,则程序顺序执行	DJNZ 30H,BACK

在这一组指令中,rel 作为相对转移偏移量,书写程序时,以标号代替。

比较转移指令兼有比较两个数的大小和控制转移双重功能。

减 1 条件转移指令 DJNZ 是把减 1 功能和条件转移结合在一起的一组指令。程序每执行一次该指令,就把第一操作数中的内容减 1,并且结果存在第一操作数中,然后判断操作数是否为零。若不为零,则转移到指定的位置,否则顺序执行。该指令对于构成循环程序是十分有用的,可以指定一个寄存器为计数器,对计数器赋以初值,利用上述指令进行减 1 后不为零就循环操作,构成循环程序。赋以不同的初值,可对应不同的循环次数。

例 7 软件延时程序:

```
MOV  R1,#0FH          ;给 R1 赋循环次数初值
```

DELAY: DJNZ R1,DELAY   ;循环 15 次后退出循环向下执行

3）子程序调用及返回指令

MCS-51 单片机指令系统中子程序调用及返回指令的格式及功能见表 3-22。

表 3-22　子程序调用及返回指令的格式及功能

序　号	指 令 名 称	指 令 格 式	功　能	指 令 举 例
90	绝对调用	ACALL　addr11	子程序调用	ACALL DELAY
91	长调用	LCALL　addr16	子程序调用	LCALL DELAY
92	子程序返回指令	RET	子程序返回	RET
93	中断返回指令	RETI	中断返回	RETI

子程序调用指令用于执行子程序，调用指令中的地址就是子程序的入口地址，子程序执行结束后，要返回主程序继续执行。

子程序返回指令 RET 一般是子程序的最后一条指令，执行了该指令后，便返回主程序继续执行。

中断返回指令 RETI 也是中断服务程序的最后一条指令，执行了该指令后，便返回主程序继续执行。

4）空操作指令

空操作指令的格式及功能见表 3-23。

表 3-23　空操作指令的格式及功能

序　号	指 令 名 称	指 令 格 式	功　能	指 令 举 例
94	空操作	NOP	PC←PC+1	NOP

执行空操作指令 NOP 时，CPU 什么事也没有做，但消耗了执行时间，常用于实现短时间的延迟或等待。

5. 位操作类指令（17 条）

MCS-51 单片机具有丰富的位操作指令，在位运算指令中，进位标志 Cy 的作用类似于字节运算指令中的累加器 A，因此 Cy 在位操作指令中，被称为位累加器。MCS-51 单片机内部 RAM 字节地址 20～2FH 单元是位存储区（16 字节×8 位，共 128 个位），位存储器地址编码从 00～7FH 范围。此外，许多特殊功能寄存器，如 P0～P3 口锁存器、程序状态字 PSW、定时 / 计数器控制寄存器 TCON 等均具有位寻址功能。因此，位存储器包括了内部 RAM 中 20～2FH 单元的位存储区及特殊功能寄存器中支持位寻址的所有位。

1）位基本操作指令

位基本操作指令主要包括位传送指令、位置位清零指令和位逻辑指令。位基本操作指令的格式及功能见表 3-24。

表 3-24　位基本操作指令的格式及功能

序　号	指 令 名 称	指 令 格 式	功　　能	指 令 举 例
95	位传送指令	MOV　C, bit	C←（bit）	MOV C,20H
96		MOV　bit, C	（bit）←C	MOV 20H,C
97	位清 0 指令	CLR　C	C←0	CLR C
98		CLR　bit	（bit）←0	CLR 20H
99	位置 1 指令	SETB　C	C←1	SETB C
100		SETB　bit	（bit）←1	SETB P1.0
101	位取反指令	CPL　C	C←$\overline{C}$	CPL C
102		CPL　bit	（bit）←$\overline{（bit）}$	CPL P1.0
103	逻辑与指令	ANL　C, bit	C←C∧（bit）	ANL C,20H
104		ANL　C, /bit	C←C∧$\overline{（bit）}$	ANL C,/20H
105	逻辑或指令	ORL　C, bit	C←C∨（bit）	ORL C,20H
106		ORL　C, /bit	C←C∨$\overline{（bit）}$	ORL C,/P1.2

2）位条件转移指令

位条件转移指令以进位标志 Cy 或位地址 bit 的内容作为是否转移的条件。位条件转移指令的格式及功能见表 3-25。

表 3-25　位条件转移指令的格式及功能

序　号	指 令 名 称	指 令 格 式	功　　能	指 令 举 例
107	以 Cy 内容为条件的转移指令	JC　rel	Cy 为 1 跳转，为 0 则顺序执行	JC SMLL
108		JNC　rel	Cy 为 0 跳转，为 1 则顺序执行	JNC BIG
109	以位地址内容为条件的转移指令	JB　bit, rel	位地址 bit 为 1 跳转，为 0 则顺序执行	JB P3.1,NEXT
110		JNB　bit, rel	位地址 bit 为 0 跳转，为 1 则顺序执行	JNB P3.1,LOOP
111		JBC　bit, rel	位地址 bit 为 1 跳转，并将位地址 bit 清 0，否则顺序执行	JBC P3.1,NEXT

以 Cy 内容为条件的转移指令 JC、JNC 与比较转移指令 CJNE 一起使用，先由 CJNE 指令判别两个操作数是否相等，若相等就顺序执行；若不相等则依据两个操作数的大小置位或清零 Cy，再由 JC 或 JNC 指令根据 Cy 的值决定如何进一步分支，从而形成三分支的控制模式。

例 8　比较内部 RAM 30H 和 31H 单元中的内容的大小，大数存放在 40H 单元，小数存放在 41H 单元。

实现程序：

```
MOV A,30H              ;30H 中的内容送 A
CJNE A,31H,BUDENG      ;比较两数大小，不等转移
SJMP BIG               ;相等，不区分大小数
BUDENG: JC,BIG         ;Cy 是否为 1
MOV 41H,31H            ;Cy=0，则 30H 中的数大
MOV 40H,30H
SJMP BACK
BIG:   MOV 41H,30H     ;Cy=1，则 31H 中的数大
MOV 40H,31H
BACK:   RET
```

三、伪指令

伪指令不是单片机本身的指令，不要求 CPU 进行任何操作，不产生目标程序，不影响程序的执行，仅仅是能够帮助进行汇编的一些指令。它主要用来指定程序或数据的起始位置，给出一些连续存放数据的确定地址，或为中间运算结果保留一部分存储空间以及表示汇编程序结束等。几种常用的伪指令见表 3-26。

表 3-26　几种常用的伪指令

指 令 名 称	指 令 格 式	功　　能	指 令 举 例
设置目标程序起始地址伪指令	ORG 16 位地址	指明后面程序的起始地址，它总是出现在每段程序的开始	ORG 0000H LJMP MAIN
汇编结束伪指令	END	是汇编语言源程序的结束标志	END
定义字节伪指令	DB 8 位二进制数表	把 8 位二进制数表依次存入从标号开始连续的存储单元	TAB:DB 30H,6AH
定义字伪指令	DW 16 位数据表	与 DB 相似，区别在于从指定的地址开始存放的是 16 位数据。高 8 位先存，低 8 位后存	ORG 0000H DS 20H DB 30H,7FH
等值伪指令	字符名称 EQU 数字或汇编符号	使指令中的字符名称等价于给定的数字或汇编符号。经赋值后字符名称就可以在程序中代替数字或汇编符号	HOUR EQU 30H MIN EQU 31H
位地址定义伪指令	字符名称 BIT 位地址	将位地址赋予 BIT 前面的字符，经赋值后就可以在程序中用该字符代替 BIT 后面的位地址	FLG BIT F0 PORT BIT P1.0

项目小结

（1）MCS-51 单片机内部主要由中央处理器（CPU）、时钟电路、数据存储器（RAM）、程序存储器（ROM）、定时/计数器、并行输入/输出（I/O）口、全双工串行口、中断系统等组成。

（2）MCS-51 单片机的内部数据存储器可分为四个区：寄存器区、位寻址区、用户区和特殊功能寄存器区，其中特殊功能寄存器区离散地分布着若干个特殊功能寄存器（简称 SFR），这些特殊功能寄存器在单片机中起到非常重要的作用。

（3）MCS-51 单片机内部程序存储器包含主程序及 5 个中断源的入口地址，这些入口地址在程序存储器中的位置是固定的，当系统复位或者响应中断时，CPU 就可根据其对应的入口地址找到相应程序执行。

（4）MCS-51 单片机包括数据传送、算术运算、逻辑运算、控制转移、位操作五大类共计111 条指令，熟悉这些指令的格式及使用是汇编语言程序设计的基础。

（5）伪指令不是单片机本身的指令，不要求 CPU 进行任何操作，不产生目标程序，不影响程序的执行，它们主要对汇编过程起到控制作用。

项 目 四

制作 LED 数码管显示电路

LED 是发光二极管的缩写。LED 在单片机的使用中非常普遍，既可被单独使用，作为信号指示或状态指示，也可组成 LED 显示器，即通常所说的数码管。由于其使用灵活、方便，与单片机的接口简单，所以，生活中随处可见由 LED 构成的数码计数牌等电子产品。

知识目标

（1）掌握 LED 数码管显示器的识别与检测方法。
（2）掌握 LED 数码管接口电路及编程方法。
（3）掌握键盘接口电路及编程方法。
（4）理解并运用相关指令。

技能目标

（1）掌握 LED 数码管显示器的识别与检测方法。
（2）掌握一位 LED 数码计数牌电路的制作方法。
（3）掌握三位 LED 数码计数牌电路的制作方法。
（4）掌握相应电路的程序编写方法。

项目基本知识

知识一 七段 LED 数码管及其接口电路

在单片机系统中，通常用 LED 数码管显示器来显示各种数字或符号。由于它具有显示清晰、亮度高、使用电压低、寿命长的特点，因此使用非常广泛。

一、七段 LED 数码管简介

大家还记得我们小时候玩的"火柴棒游戏"吗？几根火柴棒组合在一起，可以拼成各种各样的符号、图形，LED 数码显示器实际上也是这样组成的。

在单片机系统中，通常用 LED 数码管显示器来显示各种数字或符号。常用的 LED 数码显示器有七段 LED 显示器（数码管）和十六段 LED 显示器（米字管）等，如图 4-1 所示。数码管主要用于显示数码；米字管不但可以显示数码，还可显示丰富的字符和符号。

图 4-1　常用的 LED 数码显示器

欲对数码管进行控制，首先要了解数码管的结构及工作原理。

七段 LED 显示器由 8 个发光二极管组成，其中 7 个长条形的发光管排列成"8"字形（对应 a、b、c、d、e、f、g 七个笔段），另一个圆点形的发光二极管在显示器的右下角作为小数点（对应 dp），通过点亮相应段可用来显示数字 0~9，字符 a~f、h、l、p、r、u、y，符号"–"及小数点"．"等。

七段 LED 数码管的结构原理图如图 4-2 所示。根据内部发光二极管的连接方式，七段 LED 数码管可分为共阴极型和共阳极型两种。8 个发光二极管的阴极连在一起构成公共端 COM，称之为共阴极型；8 个发光二极管的阳极连在一起构成公共端 COM，称之为共阳极型。

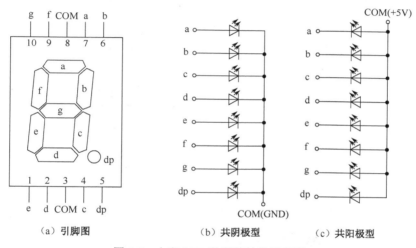

（a）引脚图　　　　　　（b）共阴极型　　　　　（c）共阳极型

图 4-2　七段 LED 数码管结构原理图

通常，共阴极数码管的 8 个发光二极管的公共端（公共阴极）接低电平，其他引脚接段驱动电路输出端，当某段驱动电路的输出端为高电平时，则该端所连接的笔段被点亮，根据发光笔段的不同组合可显示出各种数字或字符。

通常，共阳极数码管的 8 个发光二极管的公共端（公共阳极）接高电平，其他引脚接段驱动电路输出端。当某段驱动电路的输出端为低电平时，则该端所连接的笔段被点亮，根据发光笔段的不同组合可显示出各种数字或字符。

综上所述，控制 LED 数码管的显示，就是使与其相连的口线输出相应的高低电平。

二、数码管字形段码

共阴型和共阳型的 LED 数码管各笔划段名和排列位置是相同的，分别用 a、b、c、d、e、f、g 和 dp 表示，如图 4-2（a）所示。将单片机的一个 8 位并行 I/O 接口与七段 LED 数码管的引脚 a~g 端及 dp 端对应相连，并输出不同的 8 位二进制数，即可显示不同的数字或字符。控制 8 个发光二极管的 8 位二进制数称为段码。例如，对于共阳极型 LED 数码管，当公共阳极接高电平，单片机并行口输出二进制数 11000000（对应十六进制数 C0）时，显示数字 0，则数字 0 的段码是 0xC0。依此类推可求得数码管段码表，见表 4-1。

表 4-1　七段 LED 数码管段码表

显示字符	字形	共阳极									共阴极								
		dp	g	f	e	d	c	b	a	段码	dp	g	f	e	d	c	B	a	段码
0	0	1	1	0	0	0	0	0	0	0xC0	0	0	1	1	1	1	1	1	0x3F
1	1	1	1	1	1	1	0	0	1	0xF9	0	0	0	0	0	1	1	0	0x06
2	2	1	0	1	0	0	1	0	0	0xA4	0	1	0	1	1	0	1	1	0x5B
3	3	1	0	1	1	0	0	0	0	0xB0	0	1	0	0	1	1	1	1	0x4F
4	4	1	0	0	1	1	0	0	1	0x99	0	1	1	0	0	1	1	0	0x66
5	5	1	0	0	1	0	0	1	0	0x92	0	1	1	0	1	1	0	1	0x6D
6	6	1	0	0	0	0	0	1	0	0x82	0	1	1	1	1	1	0	1	0x7D
7	7	1	1	1	1	1	0	0	0	0xF8	0	0	0	0	0	1	1	1	0x07
8	8	1	0	0	0	0	0	0	0	0x80	0	1	1	1	1	1	1	1	0x7F
9	9	1	0	0	1	0	0	0	0	0x90	0	1	1	0	1	1	1	1	0x6F
熄灭		1	1	1	1	1	1	1	1	0xFF	0	0	0	0	0	0	0	0	0x00

小贴士： 在开发单片机系统时，有时为了接线方便，有时不按 I/O 口的高低位与数码管各段的顺序接线，这时的段码就需要根据接线进行调整。

本书配套资料中有一个 LED 数码管编码器工具，可以方便在任意接线时计算出共阴或共阳型数码管的段码，其界面如图 4-3 所示。

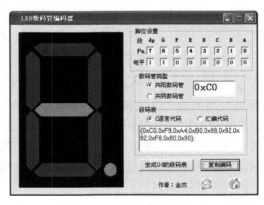

图 4-3　LED 数码管编码器

三、数码管的静态显示方式

数码管的静态显示是指数码管显示某一数字或字符时，相应的发光二极管恒定导通或恒定截止。这种显示方式的各位数码管相互独立，公共端恒定接地（共阴极）或接正电源（共阳极）。每个数码管的 8 个笔段分别与一个 8 位 I/O 口相连，I/O 口只要有段码输出，相应字符即显示出来，并保持不变，直到 I/O 口输出新的段码，其示意图如图 4-4 所示。

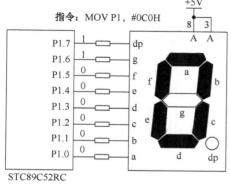
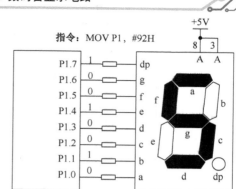

（a）显示数字"0"　　　　　　　　　　（b）显示数字"5"

图 4-4　数码管静态显示方式示意图

图 4-4 中的共阳极型数码管的 8 段分别接单片机 P1 口，显示数字"0"和"5"的程序如下：

```
MOV P1,#0C0H          //P1 口输出"0"的段码显示数字"0"
MOV P1,#92H           //P1 口输出"5"的段码显示数字"5"
```

采用静态显示方式占用 CPU 时间少、编程简单、便于控制，但是每 1 个数码管要占用一个并行 I/O 口，所以只适合于显示位数较少的场合。

数码管静态显示常采用查表的方法，将要显示的 0～9 这 10 个数字的字形码存放在数据表格中，在 DPTR 内存放数据表格首地址，A 存放要显示的数据，利用 MOVC A,@A+DPTR 这条指令来查找字形码。

```
MAIN:    MOV A,#02H        ;将立即数"2"送 A
MOV DPTR,#TAB             ;字形码首地址存放 DPTR
MOVC A,@A+DPTR           ;数字"2"对应字形码送 A
MOV P1,A                 ;数码管显示数字"2"
LJMP MAIN
TAB:  DB 0C0H,0F9H,0A4H,0B0H,99H,92H,82H,0F8H,80H,90H ;共阳型字形码表
END
```

四、数码管的动态扫描显示方式

当单片机系统中需要多个数码管显示时，如果采用静态显示方式，并行 I/O 接口的引脚数将不能满足需要，这时可采用动态扫描显示方式。

动态扫描显示是一位接一位地轮流点亮各位数码管。

动态扫描显示方式在接线上不同于静态显示方式，它是将所有七段 LED 数码管的 8 个显示笔段 a、b、c、d、e、f、g、dp 中相同的笔段连接在一起，称为段控端，每个数码管的公共端 COM 不再接固定高电平或低电平，而是由独立的 I/O 口线控制，称为位控端，两位数码管动态扫描显示方式接线示意图如图 4-5 所示。

动态扫描显示方式的显示过程：当 CPU 送出某个数字的段码时，所有的数码管都会接收到，但只有需要显示的数码管的位控端 COM 被选通时，接收到有效电平才被点亮，而没有被选通的数码管不会亮。这种通过分时轮流控制各个数码管的 COM 端送出相应段码，使各个数码管轮流受控、依次显示且循环往复的方式称为动态扫描显示。动态扫描显示意图如图 4-6 所示。

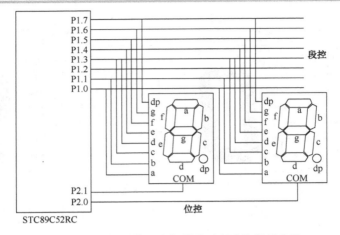

图 4-5　两位数码管动态扫描显示方式接线示意图

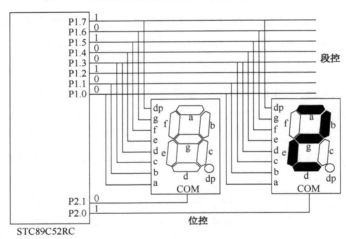

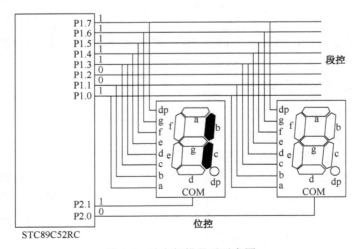

图 4-6　动态扫描显示示意图

在数码管轮流显示的过程中，每个数码管被点亮的时间为 1ms 左右，虽然各位数码管并非同时点亮，但由于人眼的视觉暂留效应，主观感觉各位数码管同时在显示。

例如显示"12"，动态扫描的程序如下。

```
START:MOV P2,#0FFH        ;关闭所有 LED
MOV P1,#0A4H              ;送"2"的字形码
MOV P2,#01H               ;选中右边的数码管
ACALL DELAY               ;延时
MOV P2, #00H              ;熄灭当前数码管（消隐）
MOV P1,#0F9H              ;送"1"的字形码
MOV P2,#02H               ;选中左边的数码管
ACALL DELAY               ;延时
MOV P2, #00H              ;熄灭当前数码管（消隐）
AJMP START                ;循环
DELAY:MOV R5,#0FFH        ;延时子程序
LOOP:MOV R6,#0FFH
DJNZ R6,$
DJNZ R5,LOOP
RET
END
```

上述程序中，延时时间一般不超过 1ms，延时时间太长，会产生闪烁感，延时时间太短，则亮度降低。另外，在实际程序设计中，一般仍采用查表的方法显示数字。

为了使用方便，有专门生产的供动态扫描显示的多位数码管，这些数码管内部已经将相应的笔段连接在一起，引出一组段控脚，每一位数码管引出一个公共端，表 4-2 列出了 2 位和 4 位共阳极型动态显示数码管的实物、引脚及内部结构。

表 4-2 共阳极型动态显示数码管的实物、引脚及内部结构

	2 位数码管	4 位数码管
实物图		
引脚图		
内部结构图		

议一议：

（1）在数码管与单片机 I/O 口连接时，如果各段没有按 I/O 口的高低位顺序连接，各个数字的段码应该怎样计算？

（2）在动态扫描显示中，单片机必须不停地调用显示程序才能正常显示，如果停止调用会产生怎样的后果？

（3）在动态扫描显示中，每扫描 1 位数码管后为什么必须熄灭当前位（消隐）？如果不消隐会产生怎样的后果？

知识二　键盘接口电路及编程

键盘实际上就是一组按键，它是单片机最常用的输入设备。在单片机系统中，通常用到的是轻触式机械按键，按键被按下时闭合，松手后自动断开。

键盘分为编码键盘和非编码键盘。键盘上闭合键的识别由专用的硬件编码器实现，产生键编码或键值的键盘称为编码键盘，如计算机键盘。而靠软件编程来识别闭合键的键盘称为非编码键盘。一般单片机系统中用得较多的是非编码键盘，它具有结构简单。使用灵活等特点。非编码键盘又分为两类：一类是独立式按键，另一类是行列式键盘，又称矩阵式键盘。

一、独立式按键

并行 I/O 口作为输入，将按键的一端接到单片机的一个并行 I/O 口线上，另一端接地，这种接法就是独立式按键，如图 4-7 所示。独立式按键的特点是每个按键独占一个 I/O 口线，每个按键工作时不会影响其他 I/O 口线的状态，在所需按键不多的单片机控制系统中，一般使用独立式按键。识别闭合键的过程是：先给该口线赋高电平，然后不停地查询该口线的输入状态，当查询到的输入状态为高电平时，说明按键没有按下，当查询到的输入状态为低电平时，说明按键按下。

图 4-7 中的电阻为上拉电阻，当按键没有按下时，把输入电平上拉为高电平。因为 MCS-51 单片机的 P0 口内部没有上拉电阻，做 I/O 口时必须外接上拉电阻，而 P1、P2、P3 口为准双向口，内部有上拉电阻，当按键接这 3 个口时，外部上拉电阻可以省略。

由于按键为机械开关结构，因此机械触点的弹性及电压突跳等原因，往往在触点闭合或断开的瞬间会出现电压抖动，如图 4-8 所示。

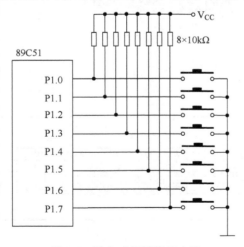

图 4-7　独立式按键接口电路

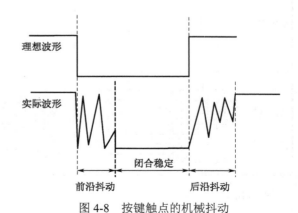

图 4-8　按键触点的机械抖动

为保证键识别的准确，在电压信号抖动的情况下不能进行状态的输入，为此须进行去抖动处理（消抖）。去抖动有硬件和软件两种方法，硬件方法就是加消抖电路，从根本上避免抖动的产生，软件方法则采用时间延迟以避开抖动，待闭合稳定之后，再进行键识别及编程。一般情况下，延迟消抖的时间约为 5～10ms。在单片机系统中，为简单起见，均采用软件延迟消抖的方法。

按键稳定闭合时间的长短则是由操作人员的按键动作决定的，一般为零点几秒至数秒。为了保证无论按键持续时间长短，单片机对键的一次闭合仅做一次处理，必须等待按键释放后才能继续后面的程序。

综上所述，独立式按键编程时可以采用查询的方法来进行处理，即：如果只有一个独立式按键，检测是否闭合，如果闭合，则去除键抖动后再执行按键功能代码，最后还要等待按键释放；如果有多个独立式按键，可依次逐个查询处理。以 P1.0 所接按键为例，其编程流程图如图 4-9 所示。

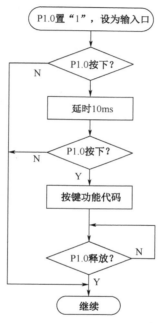

图 4-9 独立式按键程序流程图

在图 4-7 所示的独立式按键电路中，P1.0 所接按键的处理程序如下：

```
KEY:    SETB P1.0        ;置 P1.0 为输入
JB P1.0,NEXT             ;按键是否按下，没按下直接返回
LCALL DELAY             ;延时去抖
JB P1.0,NEXT             ;再次判断是否按下
……                      ;按键处理程序
LOOP:   JNB P1.0,LOOP    ;按键是否释放
LCALL DELAY             ;延时去抖
JNB P1.0,LOOP            ;再次判断按键是否释放
NEXT:   ……
```

其他按键可依次分别逐个查询处理。

独立式按键的优点是电路简单，程序编写容易，但是每一个按键须占用一个引脚，端口

的资源消耗大。当系统需要按键数量比较多时，可以使用矩阵式按键。

二、矩阵式键盘

1. 矩阵式键盘接口电路

矩阵式键盘的接口电路如图 4-10 所示，用一些 I/O 接口线组成行结构，用另一些 I/O 接口线组成列结构，其交叉点处不接通，设置为按键，这种接法称为行列式键盘。利用这种行列结构只需 M 条行线和 N 条列线，就可组成具有 $M×N$ 的键盘，因此减少了键盘与单片机接口时所占用 I/O 接口的数目。

同样，如果是接 P0 口，必须要有上拉电阻，如果接 P1、P2 或 P3 口，上拉电阻可以省略。

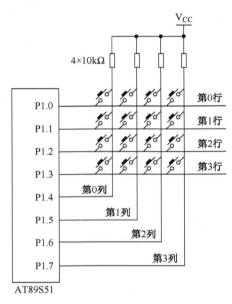

图 4-10　矩阵式键盘接口电路

2. 闭合键的识别

为了提高 CPU 的效率，对闭合键的识别一般分为两步：第一步是快速检查整个键盘中是否有键按下，如果没有键按下，则直接转到其他程序，如果有键按下，再进行下一步；第二步是确定按下的是哪一个键。

第一步：快速检查整个键盘中是否有键按下。其方法是先通过输出端口在所有的行线上发出全"0"信号，然后检查输入端口的列线信号是否为全"1"。若为全"1"，表示无键按下，如图 4-11（a）所示；若不是全"1"，则表示有键按下，如图 4-11（b）所示。这时还不能确定按下的键处于哪一行上。

第二步：确定按下的是哪一个键。识别闭合键有两种方法：一种称为逐行扫描法，另一种称为线反转法。

1）逐行扫描法

逐行扫描法是识别闭合键的常用方法，在硬件电路上要求行线作为输出、列线作为输入，列线上要有上拉电阻。

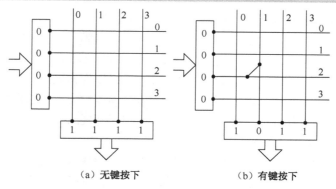

（a）无键按下　　　　　　（b）有键按下

图 4-11　检查是否有键按下示意图

4×4 键盘逐行扫描法的工作原理是：先扫描第 0 行，即输出 1110（第 0 行为"0"，其余 3 行为"1"），然后读入列信号，判断是否为全"1"。若为全"1"，表示第 0 行无键按下；若不为全"1"，则表示第 0 行有键按下，闭合键的位置处于第 0 行和不为"1"的列线相交之处。如果第 0 行无键按下，就扫描第 1 行，用同样的方法判断第 1 行有没有键按下，直到找到闭合键为止，如图 4-12 所示。

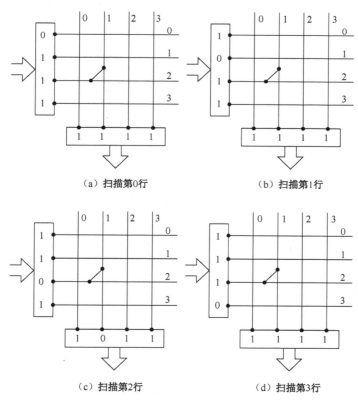

（a）扫描第0行　　　　　　（b）扫描第1行

（c）扫描第2行　　　　　　（d）扫描第3行

图 4-12　逐行扫描法示意图

2）线反转法

线反转法也是识别闭合键的一种常用方法，该方法比行扫描法速度要快，但在硬件电路上要求行线与列线都要既能作为输出又能作为输入，行线和列线上都要有上拉电阻。

下面仍以 4×4 键盘为例说明线反转法的工作原理。

首先将行线作为输出线，列线作为输入线，先通过行线输出全"0"信号，读入列线的值，如果此时有某 1 个键被按下，则必然使某 1 列线值为"0"；然后将行线和列线的输入、输出关系互换（输入、输出线反转），列线作为输出线、行线作为输入线，再通过列线输出全"0"信号，读入行线的值，那么闭合键所在的行线上的值必定为"0"。这样当 1 个键被按下时，必定读得一对唯一的行值和列值，根据这一对值即可确定闭合键。

线反转法示意图如图 4-13 所示。

执行完行列式键盘的闭合键处理程序，仍需要等待按键释放后才能继续执行后面的程序。

矩阵式键盘的扫描程序比较复杂，本书不做重点介绍，具体程序可以查找相关参资料。

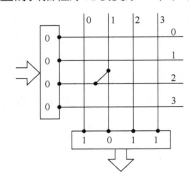
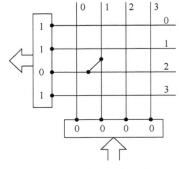

（a）行线输出全"0"得列值1101　　　　（b）列输出全"0"得行值1011

图 4-13　线反转法示意图

议一议：

（1）按键的抖动是怎样产生的？怎样通过软件的方法消除抖动？
（2）在按键程序中如果不消除抖动会产生什么后果？

项目技能实训

技能实训一　LED 数码管显示器的识别与检测

实训目的

（1）掌握数码管的结构。
（2）了解数码管的型号。
（3）掌握数码管的检测方法。

实训内容

一、数码管种类和结构

LED 数码管具有体积小、功耗低、耐振动、寿命长、亮度高、单色性好、发光响应的时间短等特点，能与 TTL、CMOS 电路兼容，在实际中应用广泛。七段数码管按极性可分为共阳极型和共阴极型，按位数常见的有 1 位、2 位和 4 位等。

使用数码管前首先要了解数码管的结构和检测方法。表 4-3 列出了不同位数的共阳极数码管的实物、引脚及内部结构图。

表 4-3 共阳型数码管的实物、引脚和内部结构图

	1 位数码管	2 位数码管	4 位数码管
实物图			
引脚图			
内部结构图			

二、数码管的型号

LED 数码管型号较多，规格尺寸也各异，显示颜色有红、蓝、绿、橙等，表 4-4 列出了几种国产 LED 数码管的型号、主要参数和国外对应产品型号，可供选用时参考。

表 4-4 数码管的型号

型　　号	主　要　参　数	国外互换型号	型　　号	主　要　参　数	国外互换型号
BS224	1 位 0.3 英寸 共阳/红/高亮	TLR332	BS341	1 位 0.5 英寸 共阴/绿	LTS547G
BS225	1 位 0.3 英寸 共阴/红/高亮	TLR332	BS342	1 位 0.5 英寸 共阳/绿	LTS546G
BS241	1 位 0.5 英寸 共阴/红/高亮	LTS547R	BS343	1 位 0.4 英寸 共阴/绿/高亮	GL8N056
BS242	1 位 0.5 英寸 共阳/红/高亮	LTS546R	BS344	1 位 0.4 英寸 共阳/绿/高亮	LTS4501AG
BS243	1 位 0.4 英寸 共阴/红/高亮	LTS4740AP	BS582	1 位 2.5 英寸 共阳/橙	M01231A
BS244	1 位 0.4 英寸 共阳/红/高亮	LTS4741AP	BS583	1 位 2.5 英寸 共阴/橙	M01231C
BS247-2	1 位 1 英寸 共阴/红/高亮	GL8P01	2BS246	2 位 0.5 英寸 共阳/红	TLR325
BS266	1 位 0.8 英寸 共阳/红/高亮	HDSP-3401			

三、LED 数码管的检测方法

1. 用数字万用表二极管挡检测

将数字万用表置于二极管挡时，其开路电压为＋2.8V。用此挡测量 LED 数码管各引脚之间是否导通，可以识别该数码管是共阴极型还是共阳极型，并可判别各引脚所对应的笔段有无损坏。

1）检测已知引脚排列的 LED 数码管

检测接线如图 4-14 所示。将数字万用表置于二极管挡，黑表笔与数码管的 h 点（LED 的共阴极）相接，然后用红表笔依次去触碰数码管的其他引脚，触到哪个引脚，哪个笔段就应发光。若触到某个引脚时，所对应的笔段不发光，则说明该笔段已经损坏。

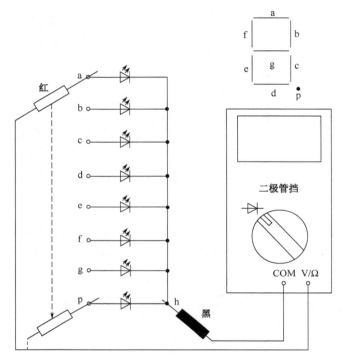

图 4-14　检测已知引脚排列的 LED 数码管

2）检测引脚排列不明的 LED 数码管

有些市售 LED 数码管不注明型号，也不提供引脚排列图。遇到这种情况，可使用数字万用表方便地检测出数码管的结构类型、引脚排列以及全笔段发光性能。

下面举一实例，说明测试方法。被测器件是一只彩色电视机用来显示频道的 LED 数码管，体积为 20mm×10mm×5mm，字形尺寸为 8mm×4.5mm，发光颜色为红色，采用双列直插式，共 10 个引脚。

（1）判别数码管的结构类型。

将数字万用表置于二极管挡，红表笔接在①脚，然后用黑表笔去接触其他各引脚，只有当接触到⑨脚时，数码管的 a 笔段发光，而接触其余引脚时则不发光，如图 4-15（a）所示。由此可知，被测管是共阴极结构类型，⑨脚是公共阴极，①脚则是 a 笔段。

（2）判别引脚排列。

仍使用数字万用表二极管挡，将黑表笔固定接在⑨脚，用红表笔依次接触②、③、④、⑤、⑧、⑩、⑦脚时，数码管的 f、g、e、d、c、b、p 笔段先后分别发光，据此绘出该数码管的内部结构和引脚排列（面对笔段的一面），如图 4-15（b）、（c）所示。

（3）检测全笔段发光性能。

前两步已将被测 LED 数码管的结构类型和引脚排列测出，接下来还应该检测一下数码管的各笔段发光性能是否正常，检测接线如图 4-16 所示。将数字万用表置于二极管挡，把黑表笔固定接在数码管的公共阴极上（⑨脚），并把数码管的 a～p 笔段端全部连接在一起。然后用红表笔接触 a～p 的连接端，此时，所有笔段均应发光，显示出"8"字。

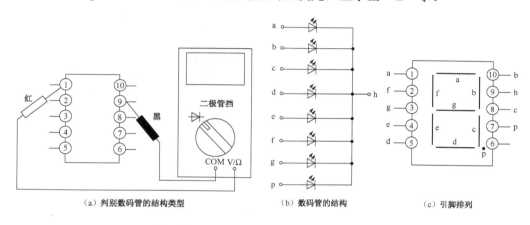

（a）判别数码管的结构类型　　　　（b）数码管的结构　　　　（c）引脚排列

图 4-15 检测引脚排列不明的 LED 数码管

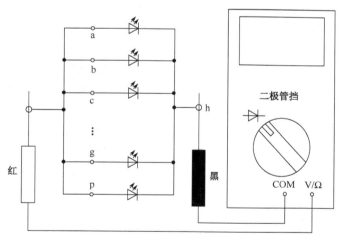

图 4-16 检测全笔段发光性能

在做上述测试时，应注意以下几点：

① 检测中，若被测数码管为共阳极类型，则只有将红、黑表笔对调才能测出上述结果。特别是在判别结构类型时，操作时要灵活掌握，反复试验，直到找出公共电极（h）为止。

② 大多数 LED 数码管的小数点是在内部与公共电极连通的。但是，有少数产品的小数点是在数码管内部独立存在的，测试时要注意正确区分。

2. 用数字万用表的 h_{FE} 挡检测

利用数字万用表的 h_{FE} 挡，能检查 LED 数码管的发光情况。若使用 NPN 插孔，这时 C 孔带正电，E 孔带负电。例如，在检查 LTS547R 型共阴极 LED 数码管时，从 E 孔插入一根单股细导线，导线引出端接（一）级（第③脚与第⑧脚在内部连通，可任选一个作为（一））；再从 C 孔引出一根导线依次接触各笔段电极，可分别显示所对应的笔段。若按图 4-17 所示电路，将第④、⑤、①、⑥、⑦脚短路后再与 C 孔引出线接通，则能显示数字"2"。把 a～g 段全部接 C 孔引线，就显示全亮笔段，显示数字"8"。

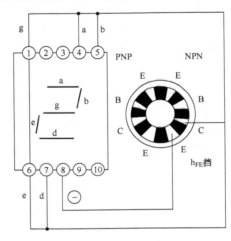

图 4-17　用数字万用表的 h_{FE} 挡检测共阴型数码管的连接图

检测时，若某笔段发光黯淡，说明器件已经老化，发光效率变低。如果显示的笔段残缺不全，说明数码管已经局部损坏。注意，检查共阳极 LED 数码管时应改变电源电压的极性。

如果被测 LED 数码管的型号不明，又无引脚排列图，可用数字万用表的 h_{FE} 挡进行测试。预先把 NPN 插孔的 C 孔引出一根导线，并将导线接在假定的公共电极（可任设一引脚）上，再从 E 孔引出一根导线，用此导线依次去触碰被测管的其他引脚。根据笔段发光或不发光的情况进行判别验证。测试时，若笔段引脚或公共引脚判断正确，则相应的笔段就能发光。当笔段电极接反或公共电极判断错误时，该笔段就不能发光。

需要注意的是，用 h_{FE} 挡或二极管挡不适用于检查大型 LED 数码管。由于大型 LED 数码管是将多只发光二极管的单个字形笔段按串、并联方式构成的，因此需要的驱动电压高（17V左右），驱动电流大（50mA 左右）。检测这种管子时，可采用 20V 直流稳压电源，配上滑线电阻器作为限流电阻兼调节亮度，来检查其发光情况。

技能实训二　制作一位 LED 数码计数牌

在日常生活中，我们经常遇到需要计数的场合，如球类比赛计分牌、倒计时牌等。利用LED 数码管制作的计数牌成本低、亮度高、结构简单，因此使用非常广泛。

实训目的

（1）掌握数码管的使用方法。

（2）掌握数码管静态显示程序的编写和使用方法。

（3）掌握使用 Keil C 软件调试和编译程序的方法。

（4）掌握使用 ISP 下载线下载程序的方法。

实训任务

制作单片机应用系统，单片机的 P2 口接 1 位共阳型七段数码管，编程实现数码管循环显示 0~9 十个数字。

实训内容

一、硬件电路制作

1. 电路原理图

根据任务要求，1 位 LED 数码计数牌电路如图 4-18 所示，其中 P1 为 ISP 下载线接口。需要说明的是这种接法只适用于共阳极型数码管，也是最简单的接法，如果采用共阴极型数码管，则必须有驱动电路。

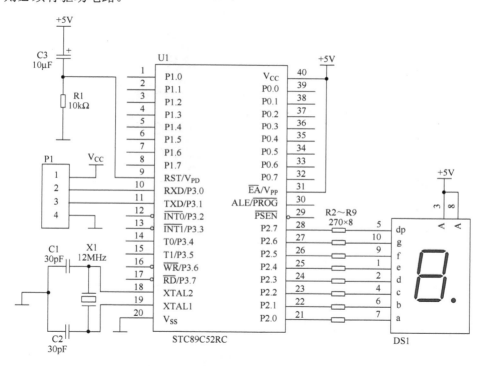

图 4-18 1 位 LED 数码计数牌电路

2. 元件清单

1 位 LED 数码计数牌元件清单见表 4-5。

表 4-5 1 位 LED 数码计数牌元件清单

代 号	名 称	实 物 图	规 格
R1	电阻		10kΩ
R2~R9	电阻		270Ω

续表

代　号	名　称	实物图	规　格
C1、C2	瓷介电容		30pF
C3	电解电容		10μF
Y1	晶振		12MHz
U1	单片机		STC89C52RC
DS1	数码管		共阳型
	IC 插座		40 脚
	5V 电源接口		

3．电路制作步骤

对于简单电路，可以在万能实验板上进行电路的插装焊接。制作步骤如下：

（1）按图 4-18 所示电路原理图在万能实验板中绘制电路元器件排列布局图。

（2）按布局图依次进行元器件的排列、插装。

（3）按焊接工艺要求对元器件进行焊接，背面用 Φ0.5mm～Φ1mm 镀锡裸铜线连接，直到所有的元器件连接并焊完为止。

1 位 LED 数码计数牌电路装接图如图 4-19 所示。

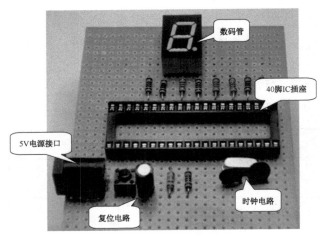

图 4-19　1 位 LED 数码计数牌电路装接图

4. 电路的调试

通电之前先用万用表检查各电源线与地线之间是否有短路现象。

给硬件系统加电，检查所有插座或器件的电源端是否有符合要求的电压值、接地端电压是否为 0V。

二、程序设计

1. 数码管为共阳型，不断向 P1 口送字形码

```
    START:  MOV P2,#0C0H      ;显示 0
ACALL DELAY
MOV P2,#0F9H               ;显示 1
    ACALL DELAY
    MOV P2,#0A4H           ;显示 2
    ACALL DELAY
    MOV P2,#0B0H           ;显示 3
    ACALL DELAY
    MOV P2,#99H            ;显示 4
    ACALL DELAY
    MOV P2,#92H            ;显示 5
    ACALL DELAY
    MOV P2,#82H            ;显示 6
    ACALL DELAY
    MOV P2,#0F8H           ;显示 7
    ACALL DELAY
    MOV P2,#80H            ;显示 8
    ACALL DELAY
    MOV P2,#90H            ;显示 9
    ACALL DELAY
    AJMP START
    DELAY:  MOV R7,#1EH       ;延时子程序
D3:     MOV R6,#21H
D2:     MOV R5,#0FAH
D1:     DJNZ R5,D1
    DJNZ R6,D2
    DJNZ R7,D3
    RET
```

这种方法程序较长，通常采用查表的方法显示。

2. 数码管静态显示

```
NUM EQU 40h                   ;定义数字变量
ORG 0000H
LJMP START                    ;转移到初始化程序
ORG 0030H
START:  MOV NUM,#00H          ;初始化变量初值
MAIN:   MOV A,NUM             ;数字送 A
MOV DPTR,#CHAR                ;字形码首地址存放 DPTR
```

```
MOVC A,@A+DPTR              ;数字对应字形码送 A
MOV P2,A                    ;字形码送 P2 口显示
LCALL DELAY                 ;延时
MOV A,NUM                   ;数字送 A
INC A                       ;加 1
CJNE A,#0AH,AA              ;不等于 10 转 AA
BB:     MOV A,#00H          ;等于 10，送初值 0
AA:     MOV NUM,A           ;保存数字
LJMP MAIN                   ;循环，继续显示
DELAY:  MOV R7,#1EH         ;延时子程序
D3:     MOV R6,#21H
D2:     MOV R5,#0FAH
D1:     DJNZ R5,D1
DJNZ R6,D2
DJNZ R7,D3
RET
CHAR:   DB 0C0H,0F9H,0A4H,0B0H,99H,92H,82H,0F8H,80H,90H ;共阳型字形码表
END
```

三、程序的调试与下载

（1）在编译完毕之后，选择【Debug】→【Start/Stop Debug Session】选项，如图 4-20 所示。或单击工具按钮 ，即进入仿真环境。

（2）单击菜单【Peripherals】→【I/O－Ports】→【Port 1】，此时，弹出 P1 口状态，如图 4-21 所示。

（3）单击单步执行按钮（Step over），观察验证 P1 口的状态变化，如图 4-22 所示。

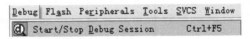

图 4-20　调试菜单

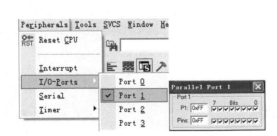

图 4-21　弹出 P1 端口

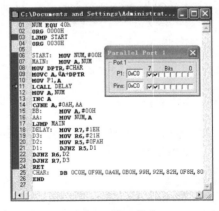

4-22　观察 P1 端口状态

议一议：

若使用共阴型数码管，电路有什么变化？程序有什么不同？

技能实训三　制作 3 位 LED 数码计数牌

实训目的

（1）掌握数码管的使用方法。

（2）掌握数码管动态扫描显示程序的编写和使用方法。

（3）掌握使用 Keil C 软件调试和编译程序的方法。

（4）掌握使用 ISP 下载线下载程序的方法。

实训任务

制作一个单片机应用系统，单片机 P2、P3 口作为输出口，接 3 位 LED 数码管，P1 口作为输入口，接两个独立按键，分别为 K1 和 K2。编程实现：按下 K1 时数码管显示的数值加 1，按下 K2 时数码管显示的数值减 1，数值变化范围为 0~255。

实训内容

一、硬件电路制作

1. 电路原理图

根据任务要求，3 位 LED 数码计数牌电路如图 4-23 所示。数码管为共阳型，电路采用动态显示，单片机的 P2 口与数码管的段控线相连，P0.0、P0.1、P0.2 与它的位控线相连。由于单片机输出电流很小，位控由 3 极管构成驱动电路。

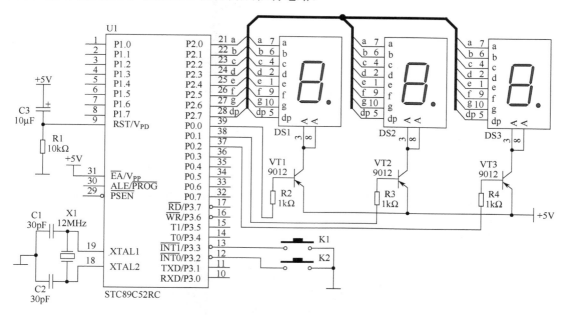

图 4-23　3 位 LED 数码计数牌电路

注意：为了使原理图美观且便于识读，段控线采用总线的画法，单片机的引脚并没有按实际芯片的引脚排列顺序，并隐藏了 40 脚（V_{CC}）和 20 脚（GND），在制作时请注意各个引脚的连接关系。

2. 元件清单

3 位 LED 数码计数牌元件清单见表 4-6。

表 4-6　3 位 LED 数码计数牌电路元件清单

代　　号	名　　称	实　物　图	规　　格
R1	电阻		33Ω
R2、R3、R4	电阻		1KΩ
C1、C2	瓷介电容		30pF
C3	电解电容		10μF
Y1	晶振		12MHz
Q1、Q2、Q3	PNP 三极管		9012
U1	单片机		STC89C52RC
	IC 插座		40 脚
DS1、DS2、DS2	数码管		共阳型
	5V 电源接口		

3. 电路制作步骤

对于简单电路，可以在万能实验板上进行电路的插装焊接。制作步骤如下：

（1）按图 4-23 所示电路原理图在万能实验板中绘制电路元器件排列布局图。

（2）按布局图依次进行元器件的排列、插装。

（3）按焊接工艺要求对元器件进行焊接，背面用 Φ0.5mm～Φ1mm 镀锡裸铜线连接，直到所有的元器件连接并焊完为止。

3 位 LED 数码计数牌电路装接图如图 4-24 所示。

图 4-24　3 位 LED 数码计数牌装接图

4. 电路的调试

通电之前先用万用表检查各电源线与地线之间是否有短路现象。

给硬件系统加电，检查所有插座或器件的电源端是否有符合要求的电压值、接地端电压是否为 0V。

二、程序设计

1. 程序流程图

根据系统实现的功能，软件要完成的工作是：显示程序，显示数值 0～255 循环，BCD 码转换，显示程序等。

初始化程序及主程序：初始化程序主要完成定义变量内存分配、初始化缓冲区；主程序循环执行调 BCD 码转换子程序、调显示子程序，流程图如图 4-25 所示。

BCD 码转换子程序：显示数值送 A，除以 100，A 中商为百位，B 中余数送 A，A 除以10，A 中商为十位，B 中余数为个位，流程图如图 4-26 所示。

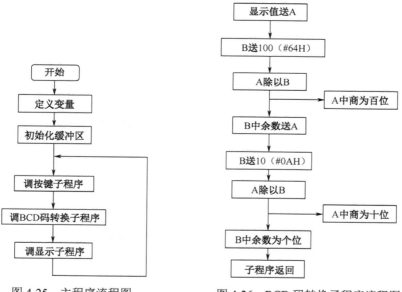

图 4-25　主程序流程图　　　图 4-26　BCD 码转换子程序流程图

显示子程序采用动态扫描的方法，P1 口输出段码，P2 口输出位码，依次显示百位、十位、个位。

2. 三位 LED 动态扫描显示程序

```
NUM EQU 43H              ;定义计数值
NUM_1 EQU 40H            ;定义计数值 BCD 码个位
NUM_2 EQU 41H            ;定义计数值 BCD 码十位
NUM_3 EQU 42H            ;定义计数值 BCD 码百位
BIT K1 P3.3             ;定义按键 K1
BIT K2 P3.2             ;定义按键 K2
ORG 0000H
LJMP START              ;转主程序
ORG 0030H
```

```
;*******************          主程序
START:  MOV NUM,#00H          ;置计数初值0
        MOV R0,#0FFH          ;计循环次数
MAIN:   LCALL BUTTON          ;按键子程序
        LCALL BCD8421
LCALL DISPLAY                 ;调显示子程序
LJMP MAIN
BCD8421:MOV A,NUM
MOV B,#64H
DIV AB
MOV NUM_3,A                   ;计算计数值的百位
MOV A,B
MOV B,#0AH
DIV AB
MOV NUM_1,B                   ;计算计数值的十位
MOV NUM_2,A                   ;计算计数值的个位
RET
;*******************          按键子程序
BUTTON: SETB K1
        JB K1,NEXT
        LCALL DELAY
        JB K1,NEXT
        INC NUM               ;计数值加1
LOOP1:  LCALL DISPLAY         ;等待按键释放时扫描显示
        JNB K1,LOOP1
NEXT:   SETB K2
        JB K2,BACK
        LCALL DELAY
        JB K2,BACK
        DEC NUM               ;计数值减1
LOOP2:  LCALL DISPLAY         ;等待按键释放时扫描显示
        JNB K2,LOOP2
BACK:   RET
;*******************          显示子程序
DISPLAY:MOV A,NUM_3           ;显示计数值的百位
MOV DPTR,#CHAR
MOVC A,@A+DPTR
MOV P2,A
MOV P3,#0FBH
LCALL DELAY
MOV P3,#0FFH                  ;熄灭当前数码管（消隐）
MOV A,NUM_2                   ;显示计数值的十位
MOV DPTR,#CHAR
MOVC A,@A+DPTR
MOV P2,A
MOV P3,#0FDH
LCALL DELAY
MOV P3,#0FFH                  ;熄灭当前数码管（消隐）
```

```
      MOV A,NUM_1                        ;显示计数值的个位
      MOVC A,@A+DPTR
      MOV P2,A
      MOV P3,#0FEH
      LCALL DELAY
      MOV P3,#0FFH                       ;熄灭当前数码管（消隐）
      RET
      DELAY:  MOV R7,#0FFH               ;延时子程序
      DJNZ R7,$
      RET
      CHAR:   DB 0C0H,0F9H,0A4H,0B0H,99H,92H,82H,0F8H,80H,90H  ;共阳型字形码表
      END
```

注意： 在数码管动态扫描显示中，每扫描完 1 位数码管后必须熄灭（即消隐）才能扫描下 1 位。因为如果不进行消隐，上 1 位数码管的位控信号处于锁存输出的同时，下 1 位数码管的段控信号便输出到段控端，其结果就是下 1 位数码管上会显示上 1 位数码管所显示数字的影子，俗称"鬼影"。数码管动态扫描时，消除"鬼影"一般不需要同时熄灭位和段，基本原则是后送位控信号就消位，后送段控信号就消段。

三、程序的调试与下载

程序经调试无误后下载到单片机，观察运行结果。

议一议：

想一想本例中的三位 LED 计数器为什么最大只能计到 255？

项目评价

项目检测		分值	评分标准	学生自评	教师评估	项目总评
任务知识内容	LED 数码管的显示原理	5				
	LED 数码管的检测方法	10				
	LED 数码管的静态显示	5				
	LED 数码管的动态显示	10				
	键盘的接口电路与编程	10				
	LED 数码管的检测	10				
	一位 LED 数码计数牌制作	20				
	三位 LED 数码计数牌制作	20				
	安全操作	5				
	现场管理	5				

项目小结

（1）七段 LED 数码管显示器分为两种：共阳型和共阴型，两种类型的电路连接和字形码不同。

（2）七段 LED 数码管显示器的显示方式有静态显示和动态显示两种。静态显示独立使用

端口，编程简单；动态显示方式比较经济，但是编程比较复杂。

（3）键盘的种类有独立式键盘和矩阵式键盘两种。独立式键盘编程简单，但是占用 I/O 口线较多；矩阵式键盘占用的 I/O 口线较少，但是编程比较复杂。

思考与练习

1. 如何检测 LED 数码管？
2. LED 数码管静态显示方式和动态显示方式各有什么优缺点？
3. 共阳极和共阴极数码管在电路的连接上有什么不同？它们的字形码有什么不同？
4. 设计实现一位减 1 计数器（显示 9～0）。
5. 独立式键盘和矩阵式键盘各有什么优缺点？

项目评价

项目检测		分值	评分标准	学生自评	教师评估	项目总评
任务知识内容	LED 数码管的显示原理	5	理解数码管的分段显示原理			
	LED 数码管的检测	10	掌握 LED 数码管的识别和检测方法			
	LED 数码管的静态显示	5	理解 LED 数码管表态显示方式			
	LED 数码管的动态显示	10	理解 LED 数码管动态显示原理			
	键盘的接口电路与编程	10	掌握键盘的接口电路与编程			
	1 位 LED 数码计数牌制作	20	完成 1 位 LED 数码计数牌制作			
	3 位 LED 数码计数牌制作	30	完成 3 位 LED 数码计数牌制作			
	安全操作	5	工具使用、仪表安全			
	现场管理	5	出勤情况、现场纪律、协作精神			

项 目 ⑤

制作 LED 点阵显示电路

　　LED 点阵显示模块是一种能显示字符、图形和汉字的显示器件，具有价廉节电、使用寿命长、易于控制等特点；它广泛应用于各种公共场合，如车站、机场公告、商业广告、体育场馆、港口机场、客运站、高速公路、新闻发布、证券交易等。

知识目标

（1）熟悉 LED 点阵显示模块的结构。
（2）掌握 LED 点阵显示电路的显示方式及编程。
（3）理解并运用相关指令。

技能目标

（1）掌握 LED 点阵模块的检测方法。
（2）掌握点阵显示电路的制作。
（3）能编写相应的字符显示程序并写入芯片。

项目基本知识

知识一　LED 点阵显示模块及其接口电路

　　一个 LED 点阵显示模块一般是由 $M \times N$ 个 LED 发光二极管组成的矩阵，由多个 LED 点阵显示模块可组成点阵数更高的点阵，如 4 个 8×8 LED 点阵显示模块可构成 16×16 点阵。

一、LED 点阵显示模块简介

　　一个 LED 显示屏往往是由若干个点阵显示模块拼成的，而一个点阵显示模块又是由 8×8 共 64 个发光二极管按照一定的连接方式组成的方阵，有的点阵中的每个发光二极管是由双色发光二极管组成的，即双色 LED 点阵模块，如图 5-1 所示。点阵在显示的时候采用动态扫描显示方式。动态扫描显示是一列接一列（或一行接一行）地轮流点亮各个发光二极管，使各列（或各行）轮流受控、循环依次显示的显示方式。

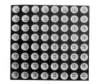

（a）单色点阵模块　　　　　　　（b）双色点阵模块

图 5-1　8×8 LED 点阵显示模块

为了显示多个字符或方便改变所显示的字符，必须建立一个字模库。显示字符的字模可以通过字符取模软件来实现。

本项目的硬件电路是通过单片机的一个 I/O 口与点阵模块的各行相连，输出显示字符对应的字模数据，使用单片机的另一个 I/O 口与点阵模块的各列相连进行列选。软件编程实现字符的显示和滚动显示。

二、LED 点阵显示模块的结构

LED 点阵显示屏中的每个发光二极管即代表一个像素，发光二极管的个数越多，像素越高，显示的内容越丰富，例如 8×8 的点阵只能显示一些非常简单的符号，显示一个汉字至少需要 16×16 的点阵。如果点阵中的每个发光二极管由双色发光二极管组成，即可构成双色 LED 点阵显示屏。下面我们重点介绍单色 8×8 LED 点阵的结构及引脚。

1. 8×8 LED 点阵模块的分类及结构

一块 8×8 LED 点阵显示模块是由 64 只发光二极管按一定规律安装成方阵，将其内部各二极管引脚按一定规律连接成 8 根行线和 8 根列线，作为点阵模块的 16 根引脚，最后封装起来构成的。

按照点阵显示模块的内部连接的不同可分为共阳极和共阴极两种。图 5-2 所示为共阴极接法，每一行由 8 个 LED 组成，它们的正极都连接在一起，共构成 8 根行线，每一列也是由 8 个 LED 组成，它们的负极都连接在一起，共构成 8 根列线，如果行线接高电平、列接低电平，则其对应的 LED 就会被点亮；图 5-3 为共阳极接法，每一行由 8 个 LED 组成，它们的负极都连接在一起，共构成 8 根行线，每一列也由 8 个 LED 组成，它们的正极都连接在一起，共构成 8 根列线，如果行线接低电平、列线接高电平，则其对应的 LED 就会被点亮。这里要注意：我们是站在列的角度上来看是共阴还是共阳的，有的地方是站在行的角度来看的，其共阴或共阳则正好相反。

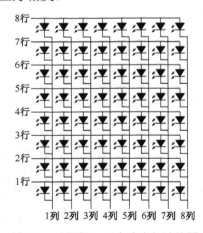

图 5-2 共阴极 8×8 点阵内部结构图

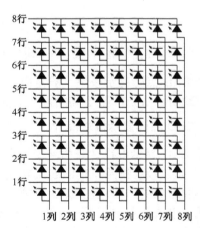

图 5-3 共阳极 8×8 点阵内部结构图

2. 8×8 LED 点阵模块的引脚

在使用 LED 点阵显示模块时首先要了解它的引脚排列，一般它并不会如我们想象的那样按顺序排列，而是为了方便生产而排列的。

一般的 8×8 LED 点阵模块的引脚，无论是共阴型的还是共阳型的，其排列如图 5-4 所示。其中字母 C 表示列引脚，字母 R 表示行引脚。如第 16 脚为 C8，是第 8 列引脚；第 1 脚为 R4，是第 4 行引脚。

　　实际应用中，LED 点阵模块.有多种型号，引脚排列不尽相同，需要时可亲自测量或查阅相关资料。

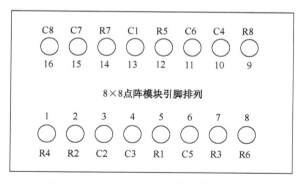

图 5-4　一般 8×8 LED 点阵模块的引脚图

三、LED 点阵显示模块的接口及编程

1. LED 点阵显示模块的接口电路

　　由上节可知，8×8 LED 点阵模块由 8 列，每列 8 只发光二极管构成，如果把每列看成 1 位数码管，每列的 8 只发光二极管看成 1 位数码管的 8 段，那么就可以把 8×8 LED 点阵看成 8 位动态显示的数码管。因此，8×8 LED 点阵模块的接口及编程和 8 位动态扫描显示数码管非常相似。

　　8×8 LED 点阵模块在和单片机相连时，只要将 8 根行线接在一个 I/O 口上，8 根列线接在另一个 I/O 口上就可以了。但需要注意的是，单片机的并行 I/O 接口作为高电平驱动时流出电流很小，不足以点亮发光二极管，必须另加驱动电路（若是 P0 口还要加上拉电阻），而作为低电平驱动时灌电流能够直接驱动发光二极管，可以不另加驱动电路。驱动电路可以是三极管或任何 TTL 逻辑电路。由三极管驱动的点阵模块接口电路如图 5-5 所示，由单向总线驱动电路 74LS244 驱动的点阵模块接口电路如图 5-6 所示。

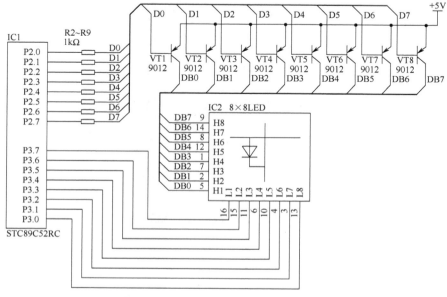

图 5-5　三极管驱动的点阵模块接口电路

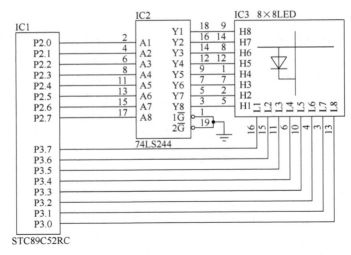

图 5-6　单向总线驱动的点阵模块接口电路

2. LED 点阵显示模块的程序设计

若要显示一个图形或字符，仍采用动态扫描的方式，可以逐列扫描或逐行扫描，即一列一列（或一行一行）将要显示的点阵信息显示出来。例如，逐列显示一个数字 2 的方法如图 5-7 所示。首先在纸上画出 8×8 共 64 个圆圈，然后将需要显示的笔画处的圆圈涂黑，最后再逐列确定其所对应的十六进制数。例如左起第二列的亮灭为（由高位到低位，高电平亮，低电平灭）：亮亮灭灭灭亮亮灭，其对应的二进制数为 11000110B，对应的十六进制数为 C6H，同理可得各列所对应的编码。因此按列显示，应加在行上的字模码为：00H，C6H，A1H，91H，89H，89H，86H，00H 共 8 字节。

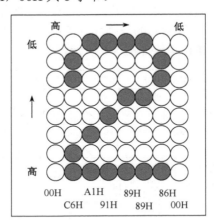

图 5-7　确定字模码的方法

在实际应用中并不需要这么麻烦，我们可以从网上下载一个字模生成软件，只要设置好取模方式，然后输入要显示的字符，单击"生成字模"就可以输出字模码并自动生成一个字模码数组，如图 5-8 所示。

点阵显示程序设计流程图如图 5-9 所示。

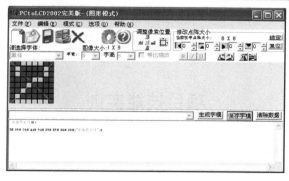

图 5-8　字模生成软件

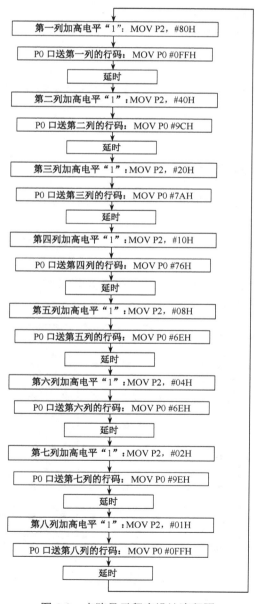

第一列加高电平"1"：MOV P2，#80H

P0 口送第一列的行码：MOV P0 #0FFH

延时

第二列加高电平"1"：MOV P2，#40H

P0 口送第二列的行码：MOV P0 #9CH

延时

第三列加高电平"1"：MOV P2，#20H

P0 口送第三列的行码：MOV P0 #7AH

延时

第四列加高电平"1"：MOV P2，#10H

P0 口送第四列的行码：MOV P0 #76H

延时

第五列加高电平"1"：MOV P2，#08H

P0 口送第五列的行码：MOV P0 #6EH

延时

第六列加高电平"1"：MOV P2，#04H

P0 口送第六列的行码：MOV P0 #6EH

延时

第七列加高电平"1"：MOV P2，#02H

P0 口送第七列的行码：MOV P0 #9EH

延时

第八列加高电平"1"：MOV P2，#01H

P0 口送第八列的行码：MOV P0 #0FFH

延时

图 5-9　点阵显示程序设计流程图

议一议：

通常显示汉字需要 16×16 点阵，若将 4 块 8×8 点阵模块拼装成 16×16 点阵显示块，应如何拼装，如何连线？

项目技能实训

技能实训一　点阵显示模块的识别与检测

实训目的

（1）掌握点阵显示模块内部结构。
（2）会识别和检测点阵显示模块的极性和引脚排列。

实训任务

通过手工焊接一个 8×8 LED 点阵，进一步掌握点阵显示模块的内部结构，并掌握 LED 点阵显示模块的极性和引脚排列的检测方法。

实训内容

一、手工焊接一个 8×8 LED 点阵

用 64 个发光二极管在万能实验板上焊接一个 8×8 LED 点阵，并引出 8 根列线和 8 根行线。

1. 8×8 LED 点阵电路图

8×8 LED 点阵电路图如图 5-10 所示。由图可知，每列的 8 个发光二极管的负极连接在一起，并分别引出 8 根线，即 8 根列线 DC1～DC8；每行的 8 个发光二极管的正极连接在一起，并分别引出 8 根线，即 8 根行线 DR1～DR8。欲点亮某只发光二极管，须在其所在的列线上加低电平，在其所在的行线上加高电平。

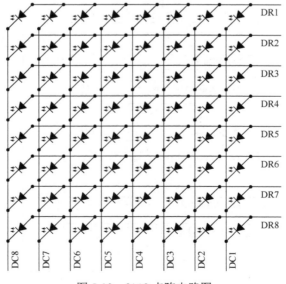

图 5-10　8×8 点阵电路图

2. 8×8 LED 点阵的制作

焊接时注意列线和行线的正确连接方法。焊接实物图如图 5-11 所示。

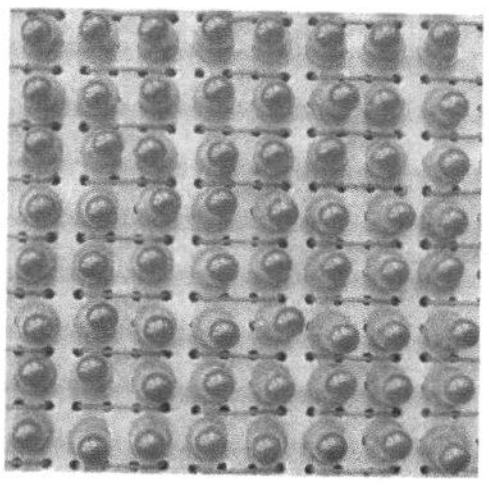

3. 安装注意事项

（1）焊接前要检测发光二极管的好坏。

（2）每只二极管插装时正极朝着一个方向。

（3）每列每行要在一条直线上。

（4）列线可从上边（或下边）引出，行线可从左边（或右边）引出。

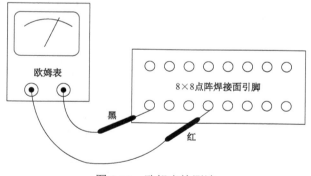
图 5-11 由发光二极管构成的 8×8 点阵

（5）注意焊接时间要短，否则会损坏发光二极管。

二、LED 点阵显示模块的识别和检测

在使用 LED 点阵显示模块时首先要判别它的引脚，一般它并不会如我们想象的那样按顺序排列好，而是需要用万用表或者测量电路进行判别。

1. 欧姆表检测法

应将万用表转换到欧姆挡的×10k 挡，因为一般万用表欧姆挡的×10k 挡使用的是 9V 电池或者 15V 电池供电，大于发光二极管的导通电压，能够使发光二极管导通而发出微弱的光，欧姆挡的其他挡使用的是 1.5V 电池供电，达不到发光管的开启电压（即正向导通电压），测量效果不明显。

随机地找两个引脚测试（其原理与测量二极管基本相同），看着前面的 LED 有没有点亮的，没有则改其他引脚再试，有则将引脚位置、点亮的 LED 的行、列位置和极性记录下来；如果全没有，则调换表笔，再测一遍，如图 5-12 所示。

最后我们将得到一份完整的 LED 点阵数据表，根据该数据表就可以确定每根列线和行线所对应的引脚。

图 5-12 欧姆表检测法

2. 电路测量法

电路测量法如图 5-13 所示。该方法点亮发光二极管的亮度高，更加方便直观。

一种共阴型 8×8 LED 点阵模块的引脚图如图 5-14 所示。其中字母 C 表示列引脚，字母 R 表示行引脚。如第 16 脚为 C8，是第 8 列引脚；第 1 脚为 R4，是第 4 行引脚。

实际应用中，LED 点阵模块有多种型号，引脚排列不尽相同，需要时可亲自测量或查阅相关资料。

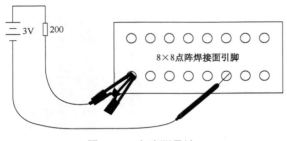

图 5-13　电路测量法

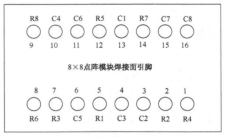

图 5-14　一种 8×8 LED 点阵模块的引脚图

技能实训二　制作点阵显示电路（静止及滚动显示）

实训目的

（1）会制作 LED 点阵显示电路。

（2）能依据点阵显示电路编写相应的程序。

（3）能进行程序的调试与烧写。

实训任务

制作单片机应用系统，单片机的 P2 口和 P3 口作为输出口驱动一个 8×8 LED 点阵模块，编程实现在 8×8 LED 点阵上显示循环左右移动的柱形、静止字符和滚动字符。

实训内容

一、硬件电路制作

1. 电路原理图

根据系统实现的功能，硬件电路主要包括复位、晶振及点阵显示电路，如图 5-15 所示。

LED 点阵显示电路：为使电路和程序简单，采用一片 8×8 LED 点阵显示模块。

由于本项目是一个 8×8 LED 点阵显示电路，电路接口较少，也比较简单，所以我们考虑将单片机的 P2 口通过 74LS244 连接到点阵模块的行端口上，将 P3 直接连接到点阵模块的列端口上。

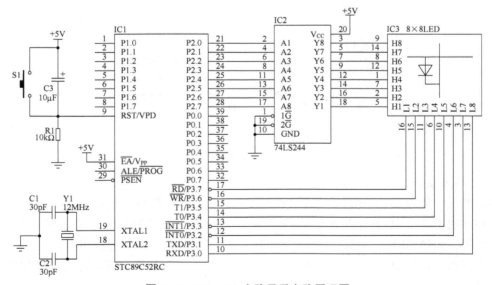

图 5-15　8×8 LED 点阵显示电路原理图

2. 元件清单

LED 点阵显示电路元件清单见表 5-1。

表 5-1　LED 点阵显示电路元件清单

代　号	名　称	实　物　图	规　格
R1	电阻		10kΩ
C1、C2	瓷介电容		30pF
C3	电解电容		10μF
S1	轻触按键		
Y1	晶振		12MHz
IC1	单片机		STC89C52RC
	IC 插座		40 脚
IC2	单向总线驱动		74LS244
IC3	8×8 LED 点阵		红单 Φ5

3. 电路制作

LED 点阵显示电路装接图如图 5-16 所示。

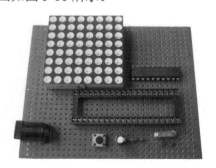

图 5-16　LED 点阵显示电路装接图

注意： 点阵模块的引脚较多，引脚排序复杂，连线时一定要注意。

4. 电路的调试

通电之前先用万用表检查各种电源线与地线之间是否有短路现象。

给硬件系统加电，不插入单片机，用一根导线，一端接地，另一端分别接触 IC 插座的 32～39 脚，用另一根导线，一端接+5V，另一端分别接触 IC 插座的 21～28 脚，观察点阵模块中每个二极管是否正常发光。

二、程序设计

1. 循环移动的柱形

其效果如图 5-17 所示。

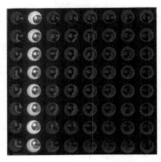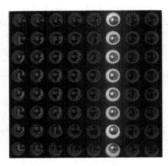

图 5-17 循环移动的柱形

如何能在 8×8 LED 点阵上显示一个竖直的柱形，并让其先从左到右平滑移动两次，然后再从右到左平滑移动两次，而且如此循环下去呢？根据 8×8 LED 点阵的结构图很容易实现。

从图 5-17 中可以看出，8×8 LED 点阵共由 64 个发光二极管组成，且每个发光二极管放置在行线和列线的交叉点上，当对应的列线置 0，而某一行线置 1，则相应的二极管就亮；要实现一根柱形的亮法，对应的一列为一根竖柱，或者对应的一行为一根横柱。因此实现柱形的亮的方法如下所述。

一根竖柱：对应的列置 0，而行则采用扫描的方法来实现。

一根横柱：对应的行置 1，而列则采用扫描的方法来实现。

参考程序：

```
START:  NOP
MOV R3,#2                ;设定循环次数
LOOP2:  MOV R4,#8
MOV R2,#0                ;查表指针初值
LOOP1:  MOV P2,#0FFH     ;将 P2 口全部送 "1"
MOV DPTR,#TAB            ;指向表首地址
MOV A,R2
MOVC A,@A+DPTR           ;查表
MOV P3,A                 ;将查表的结果送入 P2 口
INC R2                   ;查表指针加一，准备查下一个数据
LCALL DELAY              ;调用延时程序，延时
DJNZ R4,LOOP1            ;判断是否全显示完
DJNZ R3,LOOP2            ;循环
MOV R3,#2
```

```
LOOP4:  MOV R4,#8
MOV R2,#7                ;查表指针初值
LOOP3:  MOV P2,#0FFH     ;将 P3 口全部送 "1"
MOV DPTR,#TAB            ;指向表地址
MOV A,R2
MOVC A,@A+DPTR           ;查表
MOV P3,A                 ;将查表的结果送入 P2 口
DEC R2                   ;查表指针减一，准备查下一个数据
LCALL DELAY              ;延时
DJNZ R4,LOOP3
DJNZ R3,LOOP4
LJMP START
DELAY: MOV R5,#10        ;延时程序
D2:    MOV R6,#20
D1:    MOV R7,#250
DJNZ R7,$
DJNZ R6,D1
DJNZ R5,D2
RET
TAB:    DB 0FEH,0FDH,0FBH,0F7H,0EFH,0DFH,0BFH,7FH
END
```

2. 显示静止字符

显示汉字一般最少需要 16×16 或更高的分辨率。由于使用的是 8×8 的点阵模块，所以这里我们编写一个显示静止字符 "2" 的程序，其效果如图 5-18 所示。

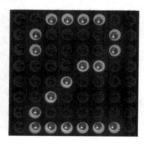

图 5-18 静止的字符 "2"

首先我们可以先利用字模生成软件，生成字符 "2" 的行码表。

这里我们通过循环移位指令和查行码表指令，使程序简短明了。

参考程序：

```
ORG 0000H
LJMP START
START:  MOV R2,#00H      ;初始时从表中第一个行码取起
MOV R0,#08H             ;循环计数
MOV R3,#7FH             ;01111111B 用于循环左移扫描
MOV DPTR,#TAB           ;指向字模表首地址
MAIN:   MOV A,R2        ;取数顺序
MOVC A,@A+DPTR          ;查表
```

```
        MOV  P2,A                    ;送字
        MOV  P3,R3                   ;扫描列
        LCALL DELAY                  ;调用延时程序，延时
        MOV  P3,#0FFH                ;熄灭当前列，即消隐
        MOV  A,R3
        RR A                         ;循环右移
        MOV  R3,A
        INC R2
        DJNZ R0,FAN
        MOV  R2,#00H
        MOV  R0,#08h
        MOV  R3,#7FH
        FAN:  LJMP MAIN
        DELAY: MOV R7,#255           ;延时程序
        DJNZ R7,$
        RET
        TAB:  DB 00H,63H,85H,89H,91H,91H,61H,00H
                                     ;字符"2"的行码表,本例中高位在上，低位在下

        END
```

3. 显示滚动字符

一个8×8的点阵模块只能显示一个字符，若要显示更多的字符，可以采取使字符左右滚动或上下滚动显示。这里我们编写一个向左滚动显示字符"23"的程序，其效果如图5-19所示。

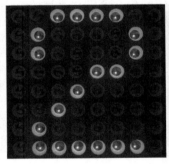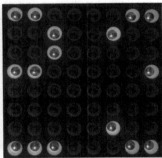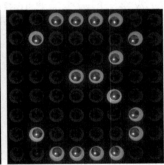

图 5-19 滚动的字符"23"

要使显示的内容滚动，我们可以使用一个变量，在查行码表时，不断改变每一列所对应的行码，产生滚动效果。例如，第一次显示时，第一列对应第一列的行码，第二次显示时，第一列对应第二列的行码。

参考程序：

```
        ORG 0000H
        LJMP START
        START:  MOV 30H,#00H        ;初始时从表中第一个行码取起
        MOV DPTR,#TAB               ;指向表地址
        MAIN:   MOV R6,#50          ;循环次数，决定滚动快慢
        GOON:   LCALL DISP
        DJNZ R6,GOON                ;每调50次显示程序向左滚一行
```

```
        MOV A,30H
        INC A                    ;第一列对应的表中的行码数加一
        MOV 30H,A
        CJNE A,#08H,MAIN         ;第二个字符没显示完继续滚动
        MOV 30H,#00H             ;重新从第一个字符开始
        LJMP MAIN
DISP:   MOV R2,30H               ;循环计数
        MOV R0,#08H              ;每次取八个行码显示
        MOV R3,#7FH              ;01111111B 用于循环左移扫描
XIAN:   MOV A,R2                 ;计数初值送给A
        MOVC A,@A+DPTR           ;查表
        MOV P2,A                 ;送字
        MOV A,R3
        MOV P3,A                 ;扫描列
        LCALL DELAY              ;调用延时程序,延时
        MOV P3,0FFH              ;熄灭当前列,即消隐
        RR A                     ;循环右移实现逐列扫描
        MOV R3,A
        INC R2
        DJNZ R0,XIAN
        MOV R0,#08H
        RET
DELAY:  MOV R7,#0FFH             ;延时程序
LOOP:   DJNZ R7,LOOP
        RET
TAB:    DB 00H,63H,85H,89H,91H,91H,61H,00H    ;字符"2"的行码表
        DB 00H,42H,81H,91H,91H,0A9H,46H,00H   ;字符"3"的行码表
END
```

说明: 使字符左右或上下滚动的方法很多, 例如也可以逐次增加或减小 DPTR 的值来实现, 移动快慢使用定时器/计数器控制。

自己动手改写程序, 使字符向右移动或向上移动。

知识拓展

一、视觉暂留现象

物体在快速运动时, 当人眼所看到的影像消失后, 人眼仍能继续保留其影像 0.1~0.4s, 这种现象被称为视觉暂留现象。视觉暂留是人眼具有的一种性质。人眼观看物体时, 成像于视网膜上, 并由视神经输入人脑, 感觉到物体的像, 但当物体移去时, 视神经对物体的印象不会立即消失, 而要延续 0.1~0.4s 的时间。

视觉暂留现象首先被中国人发现, 走马灯便是据历史记载中最早的视觉暂留运用。宋代时已有走马灯, 当时称"马骑灯"。随后法国人保罗·罗盖在 1828 年发明了留影盘, 它是一个被绳子在两面穿过的圆盘。盘的一个面画了一只鸟, 另一面画了一个空笼子。当圆盘旋转时, 鸟在笼子里出现了。这证明了当眼睛看到一系列图像时, 它一次保留一个图像。

二、LED 摇摇棒简介

1. LED 摇摇棒

LED 摇摇棒很好地利用了人眼的视觉暂留特性。如图 5-20 所示，是基于 MCS-51 单片机控制、16 只 LED 发光二极管构成的摇摇棒，配合手的左右摇晃就可呈现一幅完整的画面，可以显示字符、图片等。

LED 摇摇棒的效果图如图 5-21 所示。

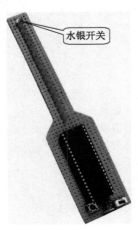
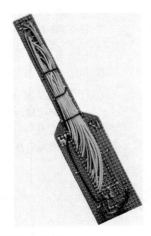

图 5-20　摇摇棒实物图

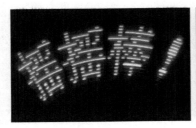

图 5-21　LED 摇摇棒效果图

2. 基本原理与硬件电路设计：

LED 摇摇棒的显示部分由 16 只 LED 发光二极管组成，作为画面每一列的显示，左右摇晃起到了扫描的作用，人眼的视觉暂留现象使得看到的是一幅完整的画面。因此 LED 摇摇棒可以看成一个 16 行 N 列的点阵，只不过这 N 列发光二极管实际上只有 1 列，这 1 列发光二极管轮流显示 N 列的内容。N 值由显示的内容的长度决定，可以是任意值。

硬件电路如图 5-22 所示。系统电源 V_{CC} 为 5V，下载程序和调试时一定要保证 5V 电压，实际使用时用 3 节干电池串联成 4.5V 即可。STC89C52RC 单片机作为控制器，在它的 P0、P2 口接有 16 只以共阳的方式连接的高亮度 LED，由单片机输出低电平点亮。串在 LED 公共端的二极管 D17 会产生一定的压降，用来保护 LED，经实测 LED 点亮时两端电压为 3V 左右，在 LED 的安全承受范围内。K1 是画面切换开关，用于切换显示不同内容；S1 为水银开关。

水银开关的作用：棒在摇动时，只能在朝某一方向摇动时显示，否则会出现镜像字或镜像画面，所以通过接一只水银开关来控制，使摇摇棒从左向右摇动时将内容显示出来。

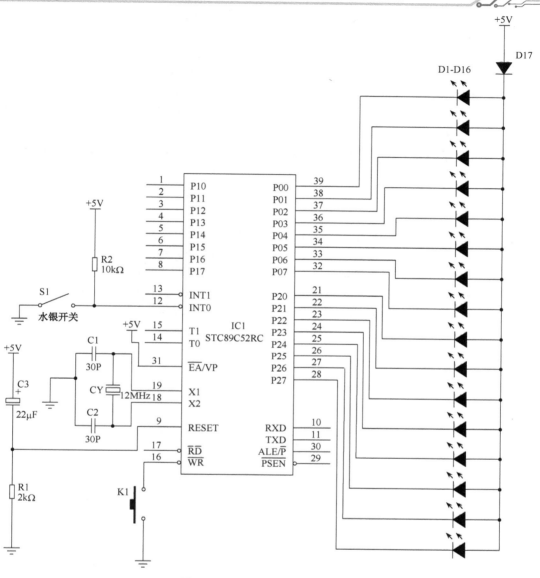

图 5-22　LED 摇摇棒电路原理图

项目评价

	项目检测	分值	评分标准	学生自评	教师评估	项目总评
任务知识内容	认识点阵模块	15	熟悉点阵模块的结构与分类			
	测试点阵模块	15	判断模块质量及其引脚			
	画出点阵电路	20	会设计出点阵显示电路图			
	编出相应程序	30	能根据硬件图编写出相应的源程序			
	安全操作	10	工具使用、仪表安全			
	现场管理	10	出勤情况、现场纪律、协作精神			

项目小结

（1）8×8 点阵显示模块是由 64 只发光管组成的，其引出线有 8 根行线和 8 根列线。一般情况下从行线角度来看分为共阳极和共阴极两种，使用时应注意区分。

（2）实际的 8×8 点阵显示模块背面引脚为上下两排，并非一排为行引脚，另一排为列引脚，因此在应用中要查寻资料，弄清引脚排列情况。可以用万用表或直流电源测量模块的质量好坏，以及引脚排列情况。

（3）点阵显示模块的显示采用动态扫描方式，行线送扫描信号，列线送显示模码信号，并且扫描速度要适宜。

思考与练习

1．8×8 LED 点阵显示模块的结构是怎样的？共有多少个引脚？如何分类？

2．如何使 8×8 LED 点阵显示模块中的某个发光管发光？写出相应的指令段。

3．如何使 8×8 LED 点阵显示模块柱状发光？如何使柱状光移动？写出相应的指令段。

4．如何使 8×8 LED 点阵显示模块显示固定数字或字母？写出相应的指令段。

5．使一串数字或字母游过点阵模块，设计出原理图，并写出相应程序。

外部中断系统的应用

中断系统是单片机中非常重要的组成部分，它是为了使单片机能够对外部或内部随机发生的事件实时处理而设置的。中断功能的存在，在很大程度上提高了单片机实时处理外部或内部事件的能力，它也是单片机最重要的功能部件之一。

知识目标

（1）了解中断的概念及中断的响应过程。

（2）熟练掌握单片机中断系统的内部结构资源情况。

（3）熟练掌握中断应用的编程方法。

技能目标

（1）掌握地震报警器的制作。

（2）能根据硬件结构编写相应的源程序。

（3）熟练编译、调试程序并写入芯片。

项目基本知识

知识一　认识 MCS-51 单片机中断系统

一、中断的概念

为了能让大家更容易理解中断的概念，我们先来看生活中的一个事例：你坐在书桌前看书，突然电话铃响了，你放下书，在书中夹了一个书签，然后去接电话，通话完毕后，你挂断电话，返回书桌前从书签处继续看书。在这个过程中其实就发生了一次中断，所以中断可以描述为：当你正在做某一事件时，发生了另一事件，要求你去处理，这时你就暂停当前事件，转去处理另一事件，处理完毕后，再回到原来事件被中断的地方继续原来的事件。

对于单片机来讲，中断是指 CPU 在处理某一事件 A 时，发生了另一事件 B，请求 CPU 迅速去处理（中断请求）；CPU 接到中断请求后，暂停当前正在进行的工作（中断响应），转去处理事件 B（执行相应的中断程序），待 CPU 将事件 B 处理完毕后，再回到原来事件 A 被中断的地方继续处理事件 A（中断返回），这一过程称为中断。

我们将生活中的中断事例与单片机的中断过程进行对比，如图 6-1 所示：

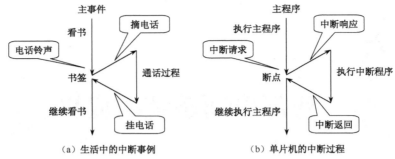

（a）生活中的中断事例　　　　　　（b）单片机的中断过程

图 6-1　生活中的中断事例与单片机的中断过程对比

根据图 6-1，我们再对前面讲的生活事例与单片机中断过程进行对比分析，你的主事件是看书，电话铃响是一个中断请求信号；你所看到的书的当前位置相当于断点，你为了记住该位置，放了一个书签，称为保护断点；你走到电话旁摘电话即为中断响应；整个通话过程相当于执行中断程序；挂电话回到书桌前对应单片机的中断返回；继续看书对应单片机继续执行主程序。

需要注意的是，电话铃响是一个随机事件，你无法事先安排，它是通过铃声通知你的，只要一响你就可以立即暂停看书，去接电话，通话完毕后再回来接着看书。单片机在执行程序时，中断也随时有可能发生，它是通过中断请求信号通知 CPU 的，CPU 收到信号就可以立即暂停当前程序，转去执行中断程序，执行完毕后再返回刚才暂停处接着执行原来的程序。这里还有一个问题，就是当电话铃响时，你也可以选择不接听，单片机也是一样，只有我们通过编程开启了中断，CPU 才会响应中断，否则 CPU 是不会响应中断的。

综上所述，和中断有关的几个概念总结如下。

① 中断：CPU 正在执行当前程序的过程中，由于 CPU 之外的某种原因，暂停当前程序的执行，转而去执行相应的处理（中断服务）程序，待处理程序结束之后，再返回原程序断点处继续运行的过程称为中断。

② 中断系统：实现中断过程的软、硬件系统。

③ 中断源：可以引起中断事件的来源称为中断源。

④ 中断响应：CPU 收到中断请求信号后，暂停当前程序，转去执行中断程序的过程称为中断响应。

⑤ 断点：暂停当前程序时所在的位置称为断点。

⑥ 中断服务程序：中断响应后，转去对突发事件的处理程序称为中断服务程序。

⑦ 中断返回：执行完中断程序返回原程序的过程称为中断返回。

⑧ 中断优先级：当多个中断源同时申请中断时，为了使 CPU 能够按照用户的规定先处理最紧急的事件，然后再处理其他事件，就需要中断系统设置优先级机制。通过设置优先级，排在前面的中断源称为高级中断，排在后面的称为低级中断。设置优先级以后，若有多个中断源同时发出中断请求，CPU 会优先响应优先级较高的中断源。如果优先级相同，则将按照它们的自然顺序响应。

⑨ 中断嵌套：当 CPU 响应某一中断源请求而进入该中断服务程序中处理时，若更高级别的中断源发出中断申请，则 CPU 暂停执行当前的中断服务程序，转去响应优先级更高的中断，等到更高级别的中断处理完毕后，再返回低级中断服务程序，继续原先的处理，这个过程称为中断嵌套。中断嵌套示意图如图 6-2 所示。中断系统中，高优先级中断能够打断低优先级中断以形成中断嵌套，反之，低级中断则不能打断高级中断，同级中断也不能相互打断。

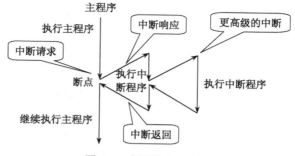

图 6-2　中断嵌套示意图

二、MCS-51 单片机的中断系统

MCS-51 单片机的中断系统的内部结构框图如图 6-3 所示。

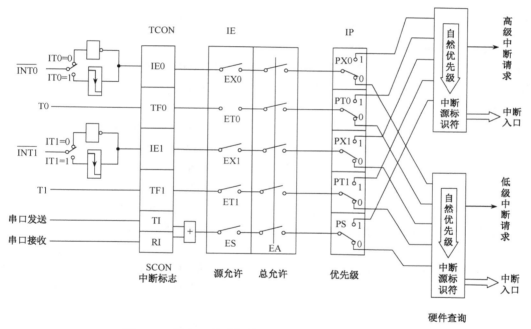

图 6-3　MCS-51 单片机的中断系统内部结构组成框图

由图 6-3 可知，MCS-51 单片机的中断系统有 5 个中断源，4 个用于中断控制的寄存器 TCON、SCON、IE、IP 来控制中断类型、中断的开关和各中断源的优先级确定。

1. 中断源（5 个）

（1）外部中断 0：名称为 $\overline{\text{INT0}}$，中断请求信号由单片机的 P3.2（12 脚）口线引入，可通过编程设置为低电平触发或下降沿触发。

（2）外部中断 1：名称为 $\overline{\text{INT1}}$，中断请求信号由单片机的 P3.3（13 脚）口线引入，可通过编程设置为低电平触发或下降沿触发。

（3）定时/计数器中断 0：名称为 T0，当 T0 计数器计满溢出时就会向 CPU 发出中断请求信号。

（4）定时/计数器中断 1：名称为 T1，当 T1 计数器计满溢出时就会向 CPU 发出中断请求信号。

（5）串行口中断：MCS-51 单片机内部有 1 个全双工的串行通信接口，可以和外部设备进行串行通信，当串行口接收或发送完一帧数据后会向 CPU 发出中断请求。

说明：52 子系列单片机有 6 个中断源，除了上述 5 个外，还有一个定时/计数器 2 中断，名称为 T2，当 T2 计数器计满溢出时就会向 CPU 发出中断请求信号。

2. 用于中断控制的寄存器（4 个）

1）定时/计数器控制寄存器 TCON

定时/计数器控制寄存器 TCON 是一个可位寻址的 8 位特殊功能寄存器，即可以对其每一位单独进行操作。它不仅与两个定时/计数器的中断有关，也与两个外部中断源有关。它可以用来控制定时/计数器的启动与停止，标志定时/计数器是否计满溢出，还可以设定两个外部中断的触发方式、标志外部中断请求是否触发。因此，它又称中断请求标志寄存器。单片机复位时，TCON 的全部位均被清 0。TCON 各位功能定义见表 6-1。

表 6-1　定时/计数器控制寄存器 TCON 的各位功能定义

位　　号	D7	D6	D5	D4	D3	D2	D1	D0
位 名 称	TF1	TR1	TF0	TR0	IE1	IT1	IE0	IT0

TCON 寄存器的各位功能介绍如下。

IT0：外部中断 0（$\overline{INT0}$）的触发方式控制位。当 IT0=0 时，$\overline{INT0}$ 为电平触发方式，$\overline{INT0}$ 收到低电平时则认为是中断请求；当 IT0=1 时，$\overline{INT0}$ 为边沿触发方式，$\overline{INT0}$ 收到脉冲下降沿时则认为是中断请求。

IE0：外部中断 0（$\overline{INT0}$）的中断请求标志位。当外部中断 0（$\overline{INT0}$）的触发请求有效时，硬件电路自动将该位置 1。换句话说，当 IE0=1 时，表示有外部中断 0 向 CPU 请求中断；当 IE0=0 时，则表示外部中断 0 没有向 CPU 请求中断。当 CPU 响应该中断后，由硬件自动将该位清 0，不用专门的语句将该位清 0。

IT1：外部中断 1（$\overline{INT1}$）的触发方式控制位。当 IT1=0 时，$\overline{INT1}$ 为电平触发方式，$\overline{INT1}$ 收到低电平时则认为是中断请求；当 IT1=1 时，$\overline{INT1}$ 为边沿触发方式，$\overline{INT1}$ 收到脉冲下降沿时则认为是中断请求。

IE1：外部中断 1（$\overline{INT1}$）的中断请求标志位。当外部中断 1（$\overline{INT1}$）的触发请求有效时，硬件电路自动将该位置 1。当 CPU 响应该中断后，由硬件自动将该位清 0，不用专门的语句将该位清 0。

TR0：定时/计数器 0（T0）的启动/停止控制位。当 TR0=1 时，T0 启动计数；当 TR0=0 时，T0 停止计数。

TF0：定时/计数器 0（T0）的溢出中断标志位。当定时/计数器 0 计满溢出时，由硬件自动将 TF0 置 1，表示向 CPU 发出中断请求，当 CPU 响应该中断进入中断服务程序后，由硬件自动将该位清 0，不用专门的语句将该位清 0。

TR1：定时/计数器 1（T1）的启动/停止控制位。其功能及使用方法同 TR0。

TF1：定时/计数器 1（T1）的溢出中断标志位。其功能及使用方法同 TF0。

说明：标志位为是否有中断请求的标志。实际上中断请求的过程是，当有中断请求信号时，首先将其对应的标志位置 1，而 CPU 只是通过查询中断标志位来判断是否有中断请求，它并不关心外部中断引脚上是否有中断请求信号或定时/计数器是否溢出。IE0、IE1、TF0、TF1 这 4 个中断标志位在有中断请求时，均由硬件自动将其置 1，一旦响应中断，均由硬件将其自动清 0，但是如果中断被屏蔽，使用软件查询方式去处理该位时，则需要通过指令将其清

0，如：IE0=0；TF1=0；。

2）串行口控制寄存器 SCON

串行口控制寄存器 SCON 中只有低 2 位与中断有关，用于锁存串行口的接收中断和发送中断标志。SCON 位功能定义见表 6-2。

表 6-2 串行口控制寄存器 SCON 的位功能定义

位 号	D7	D6	D5	D4	D3	D2	D1	D0
位 名 称	-	-	-	-	-	-	TI	RI

TI：串行口发送中断标志位。当串行口发送完一帧数据后，由硬件自动置位 TI。TI=1 表示串行口发送器正在向 CPU 请求中断。

RI：串行口接收中断标志位。当串行口接收完一帧数据后，由硬件自动置位 RI。RI=1 表示串行口接收器正在向 CPU 请求中断。

注意：由于串行口中断有两个中断标志位 TI 和 RI，在中断服务程序中我们必须判断是由 TI 引起的中断还是由 RI 引起的中断，才能进行中断处理。尤其需要注意的是，当 CPU 响应串行中断后，并不知道是由 TI 引起的还是由 RI 引起的中断，所以不会自动对 TI 和 RI 清 0，必须由用户在中断服务程序中用指令将 TI 或 RI 清 0，如：TI=0；RI=0;。

3）中断允许寄存器 IE

在 MCS-51 单片机的中断系统中，中断的允许或禁止是在中断允许寄存器 IE 中设置的。IE 也是一个可位寻址的 8 位特殊功能寄存器，可以对其每一位单独进行操作，也可以对整个字节操作。单片机复位时，IE 全部被清 0。IE 各位功能定义见表 6-3。

表 6-3 中断允许寄存器 IE 的各位功能定义

位 号	D7	D6	D5	D4	D3	D2	D1	D0
位 名 称	EA	-	-	ES	ET1	EX1	ET0	EX0

中断允许寄存器 IE 的各位功能定义如下。

EA：全局中断允许控制位。当 EA=0 时，所有中断均被禁止；当 EA=1 时，全局中断打开，在此条件下，由各个中断源的中断控制位确定相应的中断允许或禁止。换言之，EA 就是各种中断源的总开关。

EX0：外部中断 0（$\overline{\text{INT0}}$）的中断允许位。EX0=1，则允许外部中断 0 中断，EX0=0 则禁止外部中断 0 中断。

ET0：定时/计数器 0 的中断允许位。ET0=1，则允许定时/计数器 0 中断，ET0=0 则禁止定时/计数器 0 中断。

EX1：外部中断 1（$\overline{\text{INT1}}$）的中断允许位。EX1=1，则允许外部中断 1 中断，EX1=0 则禁止外部中断 1 中断。

ET1：定时/计数器 1 的中断允许位。ET1=1，则允许定时/计数器 1 中断，ET1=0 则禁止定时/计数器 1 中断。

例如，如果我们要设置允许外部中断 0、定时/计数器 1 中断允许，其他中断不允许，则 IE 寄存器各位取值见表 6-4。

表 6-4　IE 寄存器的各位取值

位　号	D7	D6	D5	D4	D3	D2	D1	D0
位 名 称	EA	-	-	ES	ET1	EX1	ET0	EX0
取　值	1	0	0	0	1	0	0	1

对应指令如下：

```
MOV IE，#89H
```

如果使用位操作，指令如下：

```
SETB EA
SETB ET1
SETB EX1
```

4）中断优先级寄存器 IP

前面已讲到中断源优先级的概念。在 MCS-51 单片机的中断系统中，中断源按优先级分为两级中断：1 级中断即高级中断，0 级中断即低级中断。中断源的优先级须在中断优先级寄存器 IP 中设置。IP 也是一个可位寻址的 8 位特殊功能寄存器。单片机复位时，IP 全部被清 0，即所有中断源均为低级中断。IP 的各位功能定义见表 6-5。

表 6-5　中断优先级寄存器 IP 的各位功能定义

位　　号	D7	D6	D5	D4	D3	D2	D1	D0
位 名 称	-	-	-	PS	PT1	PX1	PT0	PX0

PX0、PT0、PX1、PT1、PS 分别为外部中断 0、定时/计数器 0 中断、外部中断 1、定时/计数器 1 中断、串行口中断的优先级控制位。当某位置 1 时，则相应的中断就是高级中断，否则就是低级中断。优先级相同的中断源同时提出中断请求时，CPU 会按照对 5 个中断源的标志位的查询顺序进行查询，排在前面的中断会被优先响应。CPU 对 5 个中断源的查询顺序是：外部中断 0→定时/计数器 0→外部中断 1→定时/计数器 1→串行中断。

3. 中断的响应过程及中断功能的使用

1）中断的响应过程

如果中断源有请求，CPU 开中断（开总中断和相应中断源的中断），且没有同级或高级中断正在服务，CPU 就会响应中断。

中断响应过程可以分为以下几个步骤。

① 保护断点。保护断点就是将下一条将要执行的指令的地址送入堆栈保存起来，在中断返回时再从堆栈中取出，以保证中断返回后找到断点并从断点处继续执行。保护断点由硬件自动完成，不需要编程者编写相应的程序。

② 清除中断标志位。内部硬件自动清除所响应的中断源的中断标志位。可自动清除的中断标志位有 IE0、IE1、TF0、TF1。

③ 寻找中断入口。中断响应后，CPU 会自动转去执行对应中断源的中断服务程序。那么 CPU 是怎么找到各中断源的中断程序的呢？原来 MCS-51 单片机的每个中断源都有固定的入口地址，一旦响应中断，CPU 自动跳转到相应中断源的入口地址处执行。我们的任务就是把中断程序存放在与中断源对应的入口地址处，如果没把中断程序放在那儿，中断程序就不能

被执行到，就会出错。MCS-51 单片机的中断源对应的入口地址见表 6-6。

④ 执行中断服务程序。

⑤ 中断返回。当执行完中断服务程序后，就从中断服务程序返回到主程序断点处，继续执行主程序。

表 6-6　MCS-51 单片机的中断源对应的入口地址

中断源名称	中断源的入口地址
外部中断 0（$\overline{INT0}$）	0003H
定时/计数器 0 中断	000BH
外部中断 1（$\overline{INT0}$）	0013H
定时/计数器 1 中断	001BH
串行口中断	0023H

2）中断功能的使用

中断功能的使用主要包括中断初始化和中断服务程序的编写两个方面。

中断初始化实质上就是对 4 个与中断有关的特殊功能寄存器 TCON、SCON、IE 和 IP 进行管理和控制，具体实施如下：

① 外部中断请求信号触发方式的设置（IT0、IT1 位）。

② 中断的允许和禁止（IE 寄存器）。

③ 中断源优先级别的设置（IP 寄存器）

中断初始化程序通常只需几条数据传送指令即可完成。由于初始化程序往往只需要执行一次，通常放在主函数的开始处。例如我们要使用 $\overline{INT0}$ 和 $\overline{INT1}$ 这两外部中断，均为脉冲触发方式，且 $\overline{INT1}$ 的中断优先于 $\overline{INT0}$ 的中断，程序如下：

```
START: SETB IT0          ;外部中断 0 设为脉冲触发方式
       SETB IT1          ;外部中断 1 设为脉冲触发方式
       MOV IE, #85H      ;开总中断、INT0 中断和 INT0 中断
       MOV IP, #04H      ;设 INT0 中断为高优先级，其他均为低优先级
MAIN:
                         ;主程序
       LJMP MAIN
```

中断服务程序是一种具有特定功能的子程序，和一般的子程序不同的是，CUP 一旦响应中断，便会自动跳转到相应中断源的入口地址处执行。我们的任务就是把中断服务程序存放在与中断源对应的入口地址处。

需要说明的是每个中断源的中断服务程序存放区只有 8 字节的空间，通常不够存放中断服务程序，一般做法是在中断源的入口地址处存放一条无条件转移指令转到 ROM 的另一个区域，再把中断服务程序存放在该区域，具体操作如下：

```
       ORG 0003H         ;指定外部中断 0 的入口地址
       LJMP INT_0        ;存放无条件转移指令，跳转到 INT_0 标号处
       ......            ;其他程序
```

```
INT_0:                            ;以下才是中断服务程序


    RETI                          ;中断服务子程序返回
```

三、外部中断应用举例

和外部中断相关的寄存器是 TCON、IE 和 IP，对外部中断的初始化就是对这三个寄存器赋值。初始化主要包括：

① 外部中断请求信号触发方式的设置（对 TCON 寄存器的 IT0、IT1 位赋值）。

② 中断的允许和禁止（对 IE 寄存器的 EX0、EX1 位赋值）。

③ 中断源优先级别的设置（对 IP 寄存器的 PX0、PX1 位赋值）。

中断服务程序需要根据中断源的具体要求进行编写。

【例 1】要求仅用 $\overline{INT0}$ 和 $\overline{INT1}$ 这两根外部中断线对两个外界随机事件做中断处理（下降沿有效），其他中断源均不允许响应中断，且要求 $\overline{INT1}$ 的中断要优先于 $\overline{INT0}$ 的中断，试对 TCON、IE 和 IP 三个寄存器做相应的初始化编程设定。

解：（1）对 TCON 的设定。应置 TCON 中 IT0 和 IT1 为 1，即采用边沿触发方式。

位操作指令如下：

```
    SETB IT0
    SETB IT1
```

字节操作指令如下：

```
    MOV TCOM, #05H
```

（2）对 IE 的设定。只允许 $\overline{INT0}$ 和 $\overline{INT1}$ 可响应中断，而其他 3 个中断源均不允许响应中断（被屏蔽），应使 IE 中的允许控制位 EA、EX0 和 EX1 为 1，其他为 0，即 IE=10000101B=85H。

位操作指令如下：

```
    SETB EA
    SETB EX1
    SETB EX0
```

字节操作指令如下：

```
    MOV IE, #85H
```

（3）对 IP 的设定。要求 $\overline{INT1}$ 中断优先于 $\overline{INT0}$ 中断，应设定 $\overline{INT1}$ 为高级中断，$\overline{INT0}$ 为低级中断，应使 IP 中 PX1 置 1，PX0 清 0，即 IP=00000100B=04H。

位操作指令如下：

```
    SETB PX1
    CLR PX0
```

字节操作指令如下：

```
    MOV IP, #04H
```

【例 2】在图 6-4 所示电路中，当开关接通时，单脉冲发生器可模拟外部中断的中断请求，在 STC89C52RC 单片机的 P2.0 和 P2.1 端口各接一只 LED 发光二极管，当无外部中断时，P2.0 端口的 LED 发光，有外部中断时，P2.1 端口的 LED 发光，请编程实现。

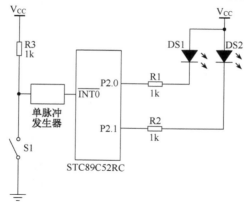

图 6-4 LED 亮灭中断控制系统

$\overline{\text{INT0}}$ 平时为高电平，每当开关 S1 接通时，单脉冲发生器就输出一个负脉冲加到 $\overline{\text{INT0}}$ 上，产生中断请求信号。CPU 响应 $\overline{\text{INT0}}$ 中断后，进入中断服务子程序，使 P2.1 端口的 LED 发光。

程序如下：

```
ORG 0000H
AJMP MAIN              ;转主程序
ORG 0003H
AJMP INT_0            ;转 INT_0 中断服务程序
ORG 0030H
MAIN:   MOV P2,#03H   ;熄灭两只 LED
MOV IE,#00H          ;关中断
CLR IT0              ;设置 INT0 为电平触发方式
SETB EX0             ;允许 INT0 中断
SETB EA              ;开中断
LOOP:   MOV P2,#01H   ;P2.0 端口的 LED 发光
SJMP LOOP            ;等待中断
INT_0:  MOV P2,#02H   ;P2.1 端口的 LED 发光
LCALL DELAY          ;延时（延时程序本例省略）
RETI                 ;中断返回
END
```

议一议：

单片机响应中断时，需要保护现场，现场指的是哪些数据？如何保护？常用的指令是什么？中断服务结束时，要恢复现场，如何恢复？常用的指令是什么？

项目技能实训

技能实训一 外部中断试验

实训目的

（1）制作外部中断试验电路。

（2）训练开发单片机的中断资源。

（3）编写具有中断服务程序的源程序。

实训任务

制作单片机应用系统，P2 口接 8 只 LED，INT0 脚和 INT1 脚分别接一个按键。通电后 P2 口连接的 8 只发光管从低位开始按二进制加法计数；若按 INT0 按键，则进入 INT0 中断状态，P2 口连接的 8 只发光管将变成单灯左移，左移 5 圈后，恢复到中断前的状态，程序继续执行计数；若按 INT1 按键，则进入 INT1 中断状态，P2 口连接的 8 只发光管将变成双灯右移，右移 5 圈后，恢复到中断前的状态，程序继续执行计数；此外，要求双灯右移的中断（INT1）优先级高于单灯左移中断（INT0）的优先级。

实训内容

一、硬件电路制作

1. 电路原理图

硬件电路主要包括晶振、复位电路，P2 端口 LED 显示电路，以及中断 0 和中断 1 引脚的外触发电路，如图 6-5 所示。

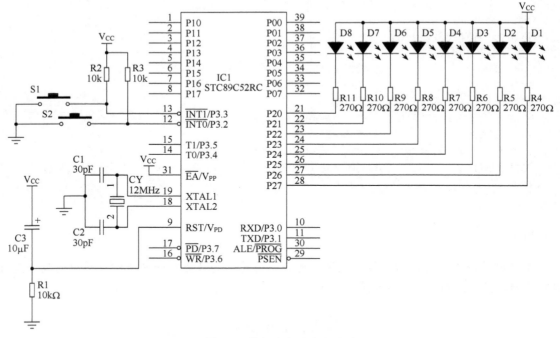

图 6-5　外部中断试验电路图

2. 元件清单

外部中断试验电路元件清单见表 6-7。

表 6-7 中断试验电路元器件清单

代 号	名 称	实 物 图	规 格
R4～R11	电阻		270Ω
R1～R3	电阻		10kΩ
C1、C2	瓷介电容		30pF
C3	电解电容		10μF
S1、S2	轻触按键		
CY	晶振		12MHz
IC1	单片机		STC89C52RC
	IC 插座		40 脚
D1～D8	发光二极管		红色 Φ5

3. 电路制作

（1）元件测量：用万用表欧姆挡对电阻、电容、发光二极管、按键开关进行逐一测量。

（2）安装步骤：先安装 IC 插座，再根据原理图找准功能引脚，安装外围电路。

4. 电路调试

（1）通电前测试：用万用表×1k 欧姆挡测电源两端的电阻值应几千欧以上。若电阻值太小，电路存在短路现象，排除故障后方可通电调试。

（2）通电调试：不插 IC 芯片情况下给电路板通电，先用电压挡测插座 40、20 两脚电压应为 5V；后用短路线一端接 20 脚，另一端分别接 21～28 脚检查 LED 发光电路是否正常；最后用万用表分别测 12、13 脚对地电压，并按压按键开关观察电压变化情况是否正常。

二、程序设计

1. 程序设计流程图

外部中断实验流程图如图 6-6 所示。

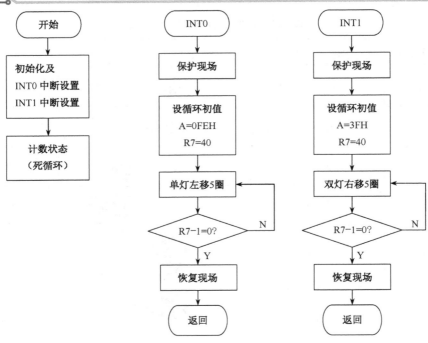

图 6-6　外部中断实验流程图

2. 参考程序

```
ORG 0000H                    ;程序复位后入口地址
LJMP    MAIN                 ;跳转到主程序
ORG    0003H                 ;INT0 中断入口地址
LJMP    ZHD0                 ;跳转到 INT0 中断服务程序执行
ORG    0013H                 ;INT1 中断入口地址
LJMP    ZHD1                 ;跳转到 INT1 中断服务程序执行
;-----------------------主程序--------------------------
MAIN:   MOV IE,#10000101B    ;开中断 0、开中断 1 和开总中断
    MOV    SP,#50H           ;设置堆栈底部
    SETB    IT0              ;采用负边缘触发信号
    SETB    IT1              ;采用负边缘触发信号
    SETB    PX1              ;设置 INT1 为高优先级
JISHU:  MOV    A,#0FFH       ;给 ACC 赋初值
        MOV    R7,#00H       ;循环次数初值
LOOP:   MOV    P2,A          ;将 ACC 中的值传送 P2 控制发光管
    ACALL    DELAY           ;调用延迟子程序
    DEC    A                 ;A 减 1 后送 A
    INC    R7                ;记录循环次数
    CJNE    R7,#0FFH,LOOP    ;比较不等转向 LOOP
    LJMP    JISHU            ;跳至计数开始
;-----------------------INT0 中断服务程序--------------------
ZHD0:   PUSH    PSW          ;将 PSW 的值推入堆栈保护
PUSH    ACC                  ;将 ACC 的值推入堆栈保护
SETB    RS0                  ;切换工作寄存器组到Ⅰ组
```

```
MOV      R7,#40                      ;设定左循环次数 5 圈×8＝40 次
MOV      A,#0FEH                     ;单灯左循环初值
LOOP1:   MOV      P2,A               ;将 ACC 内容送 P2 口控制发光管
ACALL    DELAY                       ;调用延时子程序
RL       A                          ;将 ACC 内容左循环
DJNZ     R7,LOOP1                    ;判断循环次数，满足跳转到 LOOP1
POP      ACC                        ;从堆栈弹出保护数据到 ACC
POP      PSW                        ;从堆栈弹出保护数据到 PSW
RETI                                ;返回主程序
;----------------------------INT1 中断服务程序----------------------
ZHD1:    PUSH    PSW                ;将 PSW 的值推入堆栈保护
PUSH     ACC                        ;将 ACC 的值推入堆栈保护
CLR      RS0                        ;切换工作寄存器组到Ⅱ组
SETB     RS1
MOV      R7,#40                      ;设定右循环次数 5 圈×8＝40 次
MOV      A,#3FH                      ;双灯右循环初值
LOOP2:   MOV      P2,A               ;将 ACC 内容送 P2 口控制发光管
ACALL    DELAY                       ;调用延时子程序
RR       A                          ;将 ACC 内容右循环移动
DJNZ     R7,LOOP2                    ;判断循环次数，满足跳转到 LOOP2
POP      ACC                        ;从堆栈弹出保护数据到 ACC
POP      PSW                        ;从堆栈弹出保护数据到 PSW
RETI                                ;返回主程序
;----------------------------延迟约 1 秒子程序----------------------
DELAY:   MOV   R1,#10               ;R1 寄存器赋值 10 次
D1:      MOV   R2,#200              ;R2 寄存器赋值 100 次
D2:      MOV   R3,#250              ;R3 寄存器赋值 250 次
DJNZ    R3,$                        ;本条指令执行 R3 次（250 次）
DJNZ    R2,D2                       ;本条指令执行 R2 次（200 次）
DJNZ    R1,D1                       ;本条执行 R1 次（10 次）
RET                                 ;返回主程序
END
```

三、程序调试与下载

打开 Keil C51 开发软件，先建立工程项目并选择芯片选项。然后新建文件并在编辑窗口输入源程序（上面的参考程序）。再将源程序文件添加到当前项目组中。重建所有目标文件（编译），并根据输出窗口给出的提示，检查是否有语法错误，如果有错，根据提示修改源程序并重新编译，直至显示 0 错误为止。进行软件模拟仿真调试（除错）或硬件仿真看程序是否能满足设计要求；如不能，也要修改源程序，并重新编译、仿真，直到最终达到设计要求为止。

将程序下载到单片机中，观察运行情况。

技能实训二　制作家用地震报警器

地震是一种自然现象，人类无法改变。如果在地震产生之初的几十秒里做出反应，或快速逃离房子，或在房中寻找有利的房间躲避，将会使伤害减小到最低程度。

实训目的

（1）制作中断试验电路版。

（2）训练开发单片机的中断资源。

（3）编写具有中断服务程序的源程序。

实训任务

制作单片机应用系统，当地震发生时，由地震检测装置检测到的地震信号送入单片机，单片机驱动发光二极管和蜂鸣器发出声、光报警。

实训内容

一、硬件电路制作

1. 地震检测装置

通常地震活动时会产生两种波：一种是纵波（也称直线波），从震中产生，并以最快速度传出，且有低沉的隆隆声和奇异的光，但破坏性不大；另一种是横波（也称剪切波），有极大的破坏性，但传播速度相对慢一些。一般浅源地震的横波传到地面上的时间较纵波晚几秒到十几秒，深源地震则可晚几十秒，这就给人们躲避地震提供了一点宝贵时间。下面介绍如何制作地震检测装置，利用地震的纵波产生的冲击力来触发报警电路。当然，该装置也能检测出地震的横波，用地震的横波来触发报警电路。

地震检测装置的制作方法：如图 6-7 所示，找一根长 20cm、内径 4mm，导电良好的铜管，一端焊上一根长约 1m 的导线，固定在墙上，并焊上一根引线用于和单片机相连。再找一段 15cm 长的粗铜丝，也焊上一根引线，将粗铜丝插入铜管内 1/2 左右，另一端也固定在墙上，并使在铜管不动时，粗铜丝恰好不与铜管相碰。

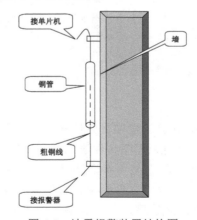

图 6-7　地震报警装置结构图

2. 电路原理图

本报警器电路简单，在地震到来时能够产生声、光报警，并且一旦触发报警，即使粗铜线与铜管断开，报警也不会停止，适合家庭地震报警用。

硬件电路主要由地震检测装置、单片机和声光产生电路组成，如图 6-8 所示。

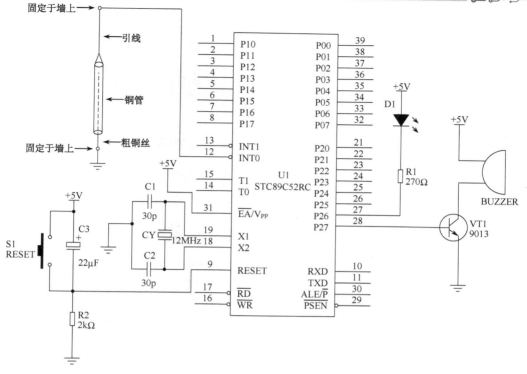

图 6-8　地震报警器电路

3.　制作要点及元件清单

地震检测装置要求自己动手制作，形状和要求见前面的介绍。

其他部分元件清单见表 6-8。

表 6-8　家用报警器电路元件清单

代　号	名　称	实　物　图	规　格
R1	电阻		270Ω
R2	电阻		2kΩ
C1、C2	瓷介电容		30pF
C3	电解电容		22μF
S1	轻触按键		
CY	晶振		12MHz

续表

代 号	名 称	实 物 图	规 格
IC1	单片机		STC89C52RC
	IC 插座		40 脚
D1	发光二极管		红色 Φ5
VT1	三极管		9013
BUZZER	蜂鸣器		12V
	地震检测装置	自制	

4. 电路的调试

（1）地震检测装置静止时铜管和粗铜丝是否相碰，晃动铜管检查铜管和粗铜丝是否接触良好。

（2）通电之前先用万用表检查各种电源线与地线之间是否有短路现象，然后，给硬件系统加电，检查所有插座或器件的电源端是否有符合要求的电压值、接地端电压是否为0V。

二、程序设计

1. 程序流程图

当地震检测装置检测到地震发生时，向 CPU 请求中断，CPU 响应中断后执行中断服务程序，驱动蜂鸣器发声和 LED 发光。其程序主要由主程序和中断服务程序两部分，主程序如图 6-9 所示，外部中断 0 服务程序如图 6-10 所示。主程序中有系统自检过程，使蜂鸣器和 LED 发声发光，经延时后关闭，以确定系统能够正常工作。

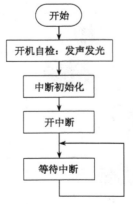

图 6-9　主程序流程图

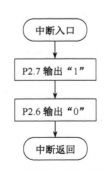

图 6-10　外部中断 0 服务程序

虽然在地震过程中，地震检测装置时断时通，但是 CPU 一旦响应中断，就会使报警器一直报警。按复位键可以解除报警。

2. 参考程序

```
ORG 0000H                      ;复位入口地址
LJMP START                     ;转移到程序初始化部分 START
ORG 0003H                      ;外部中断 0 入口地址
LJMP WAI0                      ;转移到外部中断 0 的服务程序 WAI0
ORG 0030H
START:  SETB P2.6              ;开机自检
CLR P2.7
LCALL DELAY                    ;调延时子程序
SETB IT0                       ;中断方式为边沿触发方式
SETB EA                        ;开总中断
SETB EX0                       ;开外部中断 0
MAIN:   SJMP $                 ;主程序并不执行任何任务，只是等待中断
;-------------------延时子程序-------------------
DELAY:  MOV R7,#250
LOOP:   MOV R6,#250
DJNZ R6,$
DJNZ R7,LOOP
RET
;-----------------外部中断服务程序-----------------
WAI0:   CLR P2.6               ;点亮发光二极管
SETB P2.7                      ;驱动蜂鸣器发声
RETI                           ;中断返回
END
```

三、程序调试与烧写

程序调试无误后，将程序下载到单片机中，可手动将粗铜线和铜管接触，模拟地震情况，观察程序运行是否正常。

项目评价

项目检测		分值	评分标准	学生自评	教师评估	项目总评
任务知识内容	中断寄存器	20	熟练掌握与中断相关的几个寄存器			
	中断服务程序	20	会编写一些简单的中断服务程序			
	设计中断电路	20	利用传感器、中断技术进行电路设计			
	开发中断软件	20	能根据设计的电路进行编程仿真			
	安全操作	10	工具使用、仪表安全			
	现场管理	10	出勤情况、现场纪律、协作精神			

项目小结

（1）单片机的中断是单片机系统非常重要的资源，它提高了单片机工作的效率。

（2）中断资源的应用实际上就是通过对相关的特殊功能寄存器赋值来实现的。

（3）中断是暂停一项工作（一段程序）而去执行另一项更重要的工作（另一段程序），因此一定要保护原来现场，待重要工作完成后，才能恢复中断现场，继续原来的那项工作。

（4）地震报警器是中断应用的一个实例。采用不同的传感器可以开发出多种报警器。

思考与练习

1．什么是中断？中断的过程是什么？

2．中断源 INT0 和 INT1 发生的条件是什么？它们的入口地址是什么？

3．与中断相关的特殊功能寄存器有哪些？这些寄存器各位的含义是什么？

4．什么叫堆栈？堆栈中存放的数据有什么特点？如何重新设置堆栈底？如何将要保护的数据放入堆栈？如何将保护的数据弹出堆栈？

5．如果单片机的 P2 口外接一位数码管，开机复位后数码管由 0 开始每隔 0.5 秒递增 1，当增加到 9 之后重新赋值为 0 继续递增，当按下中断按钮，数字由 9 每隔 0.5 秒递减 1，当减小到 0 时中断结束。再回到递增过程。试编写出相应程序。

6．改装地震报警器，在 P2 口接几种不同颜色的发光管，不报警时呈现走马灯，当报警时，发出声音。试设计电路，编写相应程序，并调试、烧写程序。

项目七

定时器/计数器的应用

　　日常生活中有各种各样的定时与计数设备，有机械的，有数字的，其中数字时钟以其使用灵活、方便，在各种场合都经常使用。数字时钟除了计时外有的还有很多功能，可以完成很多与时间有关的控制，如定时开关机、微电脑控制打铃仪等。下面我们利用单片机的定时器/计数器制作一个单片机电子时钟。

知识目标

（1）了解定时器的相关知识。
（2）掌握定时器的应用与编程方法。
（3）理解并运用相关指令。

技能目标

（1）掌握 1 秒定时闪烁电路的制作方法。
（2）掌握数字时钟电路的制作方法。
（3）掌握相应电路的程序编写方法。

项目基本知识

知识一　认识 MCS-51 单片机定时器/计数器

　　在工业控制应用系统中，经常要求一些外部实时时钟实现定时或延时控制，以及要求有一些外部计数器，以实现对外界事件进行计数。为适应这一工业控制要求，现代计算机的 CPU 内部均设置有定时器/计数系统，MCS-51 单片机内部有两个 16 位的可编程定时器/计数器，它们都具有定时和计数两种功能，以及方便用户选择的四种工作方式。

一、定时器/计数器简介

　　1. 计数概念

　　同学们选班长时，要投票，然后统计选票，常用的方法是画"正"，每个"正"字五划，代表五票，最后统计"正"字的个数即可，这就是计数。单片机有两个定时器/计数器 T0 和 T1，都可对外部输出脉冲计数。

　　2. 计数器的容量

　　我们用一个瓶子盛水，水一滴滴地滴入瓶中，水滴不断落下，瓶的容量是有限的，过一

段时间之后，水就会逐渐变满，再滴就会溢出。单片机中的计数器也一样，T0 和 T1 这两个计数器分别是由两个 8 位的 RAM 单元组成的，即每个计数器都是 16 位的计数器，最大的计数量是 65536。

3. 定时

一个钟表，秒针走 60 次，就是 1 分钟，所以时间就转化为秒针走的次数，也就是计数的次数，可见，计数的次数和时间有关。只要计数脉冲的间隔相等，则计数值就代表了时间，即可实现定时。秒针每一次走动的时间是 1 秒，所以秒针走 60 次，就是 60 秒，即 1 分钟。

因此，单片机中的定时器和计数器是一个东西，只不过计数器记录的是外界发生的事情，而定时器则是由单片机提供的一个非常稳定的计数源。

4. 溢出

上面我们举的例子，水滴满瓶子后，再滴就会溢出，流到桌面上。单片机计数器溢出后将使得 TF0 变为 1，一旦 TF0 由 0 变成 1，就是产生了变化，就会引发事件，就会申请中断。

5. MCS-51 单片机的工作原理

MCS-51 单片机内部有两个定时器/计数器 T0 和 T1，T0 和 T1 都是 16 位的计数器，它的容量也是有限的，其计数的最大值为 65535（即二进制数 1111 1111 1111 1111B），此时，再输入一个计数脉冲则计满溢出，将对应的溢出标志位置 1，这个标志位就是定时器中断标志位，就会向 CPU 发出中断申请。

MCS-51 单片机定时器/计数器 T0 或 T1 的结构如图 7-1 所示。

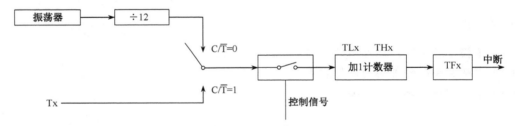

图 7-1　定时器/计数器的结构框图（x=0 或 x=1）

由图 7-1 可知，定时器/计数器的核心是 1 个加 1 计数器，它的输入脉冲有两个来源：一个是外部脉冲信号，通过 T0（P3.4）脚或 T1（P3.5）输入；另一个是系统时钟脉冲（时钟振荡器经 12 分频以后的脉冲信号）。计数器对两个脉冲源之一进行计数，每输入 1 个脉冲，计数值加 1，TH0（或 TH1）和 TL0（或 TL1）是用来存放所计脉冲个数的寄存器。当计数器计满回 0 后，就从最高位溢出 1 个脉冲，使特殊功能寄存器 TCON 中的 TF0 或 TF1 置 1，作为定时器/计数器的溢出中断标志。如果定时器/计数器工作在定时功能，则表示定时的时间到；若工作在计数功能，则表示计数器计满回零。

当 C/$\overline{\text{T}}$=0 时，设置为定时器，定时器/计数器对单片机内部时钟脉冲进行计数，加 1 计数器在每个机器周期加 1，因此，也可以把它看成在累计机器周期。由于每个机器周期时间恒定不变，计数值也就代表了时间，这样就把定时问题转化成了计数问题。例如 12MHz 晶振机器周期是 1μs，计 5000 个脉冲就是 5000μs，16 位定时器/计数器的最大定时时间就是 65536μs。如果定时少于 65536μs，怎么办呢？这就好比一个空的水瓶，要滴 1 万滴水才会滴满溢出，我们在开始滴水之前先放入一些水，就不需要 1 万滴了。例如先放入 2000 滴，再滴 8000 滴就可以把瓶子滴满。在单片机中，也采用类似的方法，称为预置计数初值法。如果要定时 5000

μs，可以让计数器从 65536-5000=60536 开始计数，当定时器/计数器溢出时正好就是 5000μs，所以计数初值就是 60536。

当 C/$\overline{\text{T}}$=1 时，设置为计数器，定时器/计数器对来自单片机外部的脉冲进行计数，外部脉冲信号通过 T0（P3.4）脚或 T1（P3.5）脚输入单片机。外部信号的下降沿将触发计数，若一个周期的采样值为 1，下 1 个周期的采样值为 0，则计数器加 1，故识别一个脉冲需要两个机器周期，所以对外部输入信号的最高计数速率是机器周期所对应频率的 1/2（晶振频率的 1/24）。

二、定时器/计数器的方式和控制寄存器

MCS-51 单片机有两个用于定时器/计数器方式和控制的寄存器，分别是 TMOD 和 TCON：TMOD 用于计数脉冲源的选择（即决定其工作于计数功能或定时功能）、设置工作方式；TCON 用于控制定时器/计数器的启动和停止，并包含了定时器/计数器的状态。

1. 定时器工作方式寄存器 TMOD

TMOD 用于选择定时器的工作方式，它的低 4 位控制定时器 T0，高 4 位控制定时器 T1。单片机复位时，TMOD 的全部位均被清 0。TMOD 中各位的定义见表 7-1。

表 7-1 TMOD 的位名称和功能

TMOD 位	D7	D6	D5	D4	D3	D2	D1	D0
位名称	GATE	C/$\overline{\text{T}}$	M1	M0	GATE	C/$\overline{\text{T}}$	M1	M0
功能	门控位	功能选择	工作方式选择		门控位	功能选择	工作方式选择	
	高 4 位控制定时器/计数器 1				低 4 位控制定时器/计数器 0			

TMOD 被分成两部分，每部分 4 位，低 4 位用于控制 T0，高 4 位用于控制 T1。由于控制 T1 和 T0 的位名称相同，为了不至于混淆，在使用中 TMOD 只能按字节操作，不能进行位操作。

TMOD 各位含义如下。

M1 和 M0：工作方式选择位，其具体定义见表 7-2。

表 7-2 定时器/计数器工作方式选择

M1	M0	工作方式	功能说明
0	0	方式 0	13 位定时器/计数器
0	1	方式 1	16 位定时器/计数器
1	0	方式 2	可自动重装入的 8 位定时器/计数器
1	1	方式 3	T0 分为两个 8 位定时器，T1 无此方式

C/$\overline{\text{T}}$：功能选择位。C/$\overline{\text{T}}$=0 时，设置为定时器，对内部时钟脉冲计数；C/$\overline{\text{T}}$=1 时，设置为计数器，对外部输入脉冲计数。

GATE：门控位。当 GATE=0 时，定时器/计数器的启动和停止仅受 TCON 寄存器中的 TR0（或 TR1）控制；当 GATE=1 时，定时器/计数器的启动和停止由 TCON 寄存器中的 TR0（或 TR1）和外部中断引脚（INT0 或 INT1）上的电平状态共同控制。

2. 定时器控制寄存器 TCON

TCON 控制寄存器在项目五中已经介绍过，其各位的定义见表 7-3。

表 7-3　定时器/计数器控制寄存器 TCON 的各位定义

位　号	D7	D6	D5	D4	D3	D2	D1	D0
位名称	TF1	TR1	TF0	TR0	IE1	IT1	IE0	IT0

其中和定时器/计数器相关的位如下。

TR0：定时器/计数器 0（T0）的启动/停止控制位。当 TR0=1 时，T0 启动计数；当 TR0=0 时，T0 停止计数。

TF0：定时器/计数器 0（T0）的溢出中断标志位。当定时器/计数器 0 计满溢出时，由硬件自动将 TF0 置 1，表示向 CPU 发出中断请求，当 CPU 响应该中断进入中断服务程序后，由硬件自动将该位清 0，不用专门的语句将该位清 0。

TR1：定时器/计数器 1（T1）的启动/停止控制位。其功能及使用方法同 TR0。

TF1：定时器/计数器 1（T1）的溢出中断标志位。其功能及使用方法同 TF0。

三、定时器/计数器的工作方式

MCS-51 单片机的定时器/定时计数器有 4 种工作方式，分别由 TMOD 寄存器中的 M1、M0 两位二进制编码所决定。

1. 工作方式 0（$M_1M_0=00$）

T0 和 T1 的工作方式 0 是完全相同的，都是作为 13 位的定时器/计数器来使用的，由 THx（x=0，1）的 8 位和 TLx 的低 5 位构成，TLx 的高 3 位未用，定时器/计数器 T0 的电路结构如图 7-2 所示。TLx 的低 5 位产生进位时，直接进到 THx 上。THx 产生进位时，即计满溢出，置计满溢出标志位 TFx 为 1，向 CPU 申请中断，若 CPU 响应中断，由系统硬件自动将 TFx 清 0。在工作方式 0 下，两个定时器/计数器的最大计数值为 $2^{13}=8192$，最长定时时间是 8192 个机器周期。

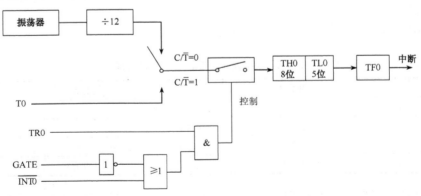

图 7-2　定时器/计数器 T0 方式 0 的逻辑电路结构图

我们用图 7-2 来说明几个问题。

①M_1M_0：定时器/计数器一共有四种工作方式，就是用 M1M0 来控制的。

②$C/\overline{T}$：定时器/计数器即可定时用也可计数用，如果 $C/\overline{T}$ 为 0 就是用做定时器，如果 $C/\overline{T}$ 为 1 就是用做计数器。

③GATE：在图 7-2 中，当选择了定时或计数工作方式后，定时器/计数脉冲却不一定能到达计数器端，中间还有一个开关，显然这个开关不合上，计数脉冲就没法过去。

GATE=0，分析一下逻辑，GATE 非后是 1，进入或门，或门总是输出 1，和或门的另一个输入端 INT0 无关，在这种情况下，开关的断开、闭合只取决于 TR0，只要 TR0 是 1，开关就闭合，计数脉冲得以畅通无阻，而如果 TR0 等于 0 则开关断开，计数脉冲无法通过，因此定时器/计数是否工作，只取决于 TR0。

GATE=1，在此种情况下，计数脉冲通路上的开关不仅要由 TR0 来控制，而且还要受到 INT0 引脚的控制，只有 TR0 为 1，且 INT0 引脚也是高电平，开关才合上，计数脉冲才得以通过。

2. 工作方式 1（$M_1M_0=01$）

T0 和 T1 的工作方式 1 也是完全相同的，都是作为 16 位的定时器/计数器来使用的，定时器/计数器的低 8 位产生进位时进到高 8 位上。高 8 位产生进位时，即计满溢出，置计满溢出标志位 TFx(x=0,1)为 1，向 CPU 申请中断，若 CPU 响应中断，由系统硬件自动将 TFx 复位。在工作方式 1 下，两个定时器/计数器的最大计数为 $2^{16}=65536$，最长定时时间为 65536 个机器周期。其逻辑结构如图 7-3 所示。

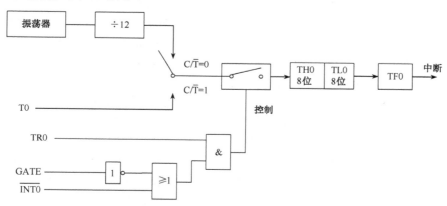

图 7-3　定时器/计数器 T0 方式 1 的逻辑电路结构图

小贴士：方式 1 完全包含了方式 0 的功能，方式 0 只是为了保留早期的单片机产品的一种工作方式，其实际上并没有存在的必要，我们一般只使用方式 1 而不使用方式 0。

3. 工作方式 2（$M_1M_0=10$）

T0 和 T1 在工作方式 2 下都是作为 8 位的定时器/计数器来使用的，定时器/计数器的低 8 位负责计数。高 8 位不参与计数，只作为计数初始值寄存器，存放低 8 位的初始值。每当低 8 位计满溢出时，直接将计满溢出标志位 TFx（x=0,1）置 1，与此同时，硬件自动将高 8 位中存放的计数初始值加载至低 8 位中，所以方式 2 又叫自动重装载方式。其逻辑结构图如图 7-4 所示。

在工作方式 2 下，由于只有低 8 位参与计数，故最大计数为 $2^8=256$，最长定时时间为 256 个机器周期。虽然定时时间缩短了，但由于能够自动加载初始值，故定时时间更为精确。

需要强调的是：在工作方式 0 和工作方式 1 下，定时器/计数器的计数初始值是不能自动重装载的，需要我们在程序中用相应的赋值语句重载；如果在程序中缺少了相应的重载计数初始值语句，则定时器/计数器溢出后将从 0 开始计数。

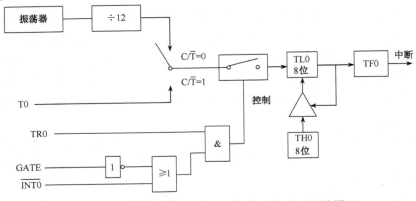

图 7-4　定时器/计数器 T0 方式 2 的逻辑电路结构图

4. 工作方式 3（$M_1M_0=11$）

只有 T0 有方式 3，T1 在方式 3 下停止工作。此时 T0 被分为两个独立的 8 位定时器/计数器来使用。

在方式 3 下，TL0 作为不能自动重载初始值的 8 位定时器/计数器来使用，其计数初始值仍须在程序中用相应赋值语句加载；此时，TL0 既可以用于定时功能，也可以用于计数功能，由原来控制 T0 的 C/$\overline{T}$ 位来选择；TL0 的启动部分仍然由原来控制 T0 的 GATE、TR0、$\overline{INT0}$ 的逻辑组合来控制，启动与停止过程与前面三种工作方式相同；当 TL0 计满溢出时，直接将 TF0 置位从而向CPU 申请中断，CPU 响应中断后，由系统硬件自动将 TF0 复位；此时，TL0 的中断服务程序入口地址即为原来 T0 的中断服务程序入口地址，中断序号也同样使用 T0 的中断序号（1）。

在方式 3 下，TH0 也作为不能自动重载初始值的 8 位定时器来使用，但它只能用于定时功能，不能用于计数功能，因此没有 C/$\overline{T}$ 选择位控制；TH0 的启动也仅受原来 T1 的启动位 TR1 来控制；当 TH0 计满溢出时，直接将 TF1 置位从而向 CPU 申请中断；此时，TH0 的中断服务程序入口地址占用原来 T1 的中断服务程序入口地址，中断序号也同样使用 T1 的中断序号（3）。

当 T0 工作在方式 3 时，T1 可以工作在方式 0、1、2 三种工作方式下，但由于 TH0 占用了原来 T1 的启动控制位 TR1 和溢出标志位 TF1，所以 T1 的工作过程与前述有所变化。在这种情况下，T1 仍然既可以工作在定时功能，又可以工作在计数功能，但计满溢出时不能置位溢出标志，不能申请中断，其计满溢出信号可以送给串行口，此时 T1 作为波特率发生器。T1的启动与停止由其原来的方式字控制，当写入"方式 0/1/2"时，T1 即启动，当写入"方式 3"时，T1 即停止工作。

四、定时器/计数器应用举例

和定时器/计数器相关的寄存器是 TMOD、TCON、IE 和 IP，另外还有计数寄存器 THx（x=0，1）和 TLx。使用定时器/计数器主要包括初始化和编写中断服务程序。

初始化主要包括：

（1）确定工作方式——对 TMOD 赋值。

例如设定 T1 工作在方式 1，且工作在定时器功能，可用如下指令：

```
MOV  TMOD #10H，表名
```

（2）预置计数初值——计算计数初值并写入 TH0、TL0 或 TH1、TL1。

定时器/计数器的初值因工作方式的不同而不同。设最大计数值为 M，则各种工作方式下

的 M 值如下。

方式 0：　　　　　　　　　　　　$M = 2^{13} = 8192$

方式 1：　　　　　　　　　　　　$M = 2^{16} = 65536$

方式 2：　　　　　　　　　　　　$M = 2^8 = 256$

方式 3：定时器 0 分成两个 8 位计数器，所以两个定时器的 M 值均为 256。

因定时器/计数器工作的实质是做"加 1"计数，所以，当最大计数值 M 值已知时，初值 X 可计算如下：

$$X = M - \text{计数值}$$

【例 1】利用定时器 1 定时，采用方式 1，要求每 50ms 溢出一次，系统采用 12MHz 晶振。采用方式 1，$M = 65536$。系统晶振频率为 12MHz，则计数周期

$$T = 1\mu s$$

$$\text{计数值 } 50 \times 1000 = 50000$$

所以，计数初值为

$$X = 65536 - 50000 = 15536 = 3CB0H$$

将 3C、B0 分别预置给 TH1、TL1 的指令如下：

```
MOV TH1,#3CH
MOV TL1,#0B0H
```

计算计数初值时，也可以利用定时器初值计算工具很方便地算出，如图 7-5 所示。

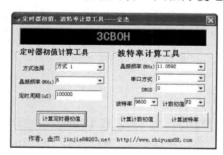

图 7-5　计算定时器/计数器初值的工具

（3）根据需要开启定时器/计数器中断——对 IE 寄存器赋值。

例如允许 T0 中断的指令如下：

```
MOV IE,#82H
```

也可写成：

```
SETB EA
SETB ET0
```

（4）启动定时器/计数器工作——将 TR0 或 TR1 置 1。

GATE = 0 时，直接由软件置位启动；GATE = 1 时，除软件置位外，还必须在外中断引脚处加上相应的电平才能启动。

（5）根据中断源优先级别的要求设置 IP。

【例 2】利用 T0 方式 1 在 P1.0 端口上输出周期为 2ms 的方波。设晶振频率为 6MHz。

解：要在 P1.0 得到周期为 2ms 的方波，只要使 P1.0 端口每隔 1ms 取反一次即可。

（1）确定工作方式。

$$TMOD = 01H。$$

TMOD.4～TMOD.7 可为任意字，因不用 T1，这里均取 0 值。

（2）计算 1ms 定时 T0 的初值。晶振频率为 6MHz，则机器周期为 2μs，设 T0 的初值为 X，则：$(2^{16} - X) \times 2 \times 10^{-6} = 1 \times 10^{-3}$，这样 $X = 65039 = FE0CH$。

因此，TH0 的初值为 FEH，TL0 的初值为 0CH。

（3）参考程序如下：

```
ORG 0000H
LJMP MAIN
ORG 000BH
LJMP INTT0
ORG 0030H
START:  MOV SP, #50H
MOV TMOD, #01H            ; 设置 T0 方式 0
MOV TL0, #0CH             ; 送初值
MOV TH0, #0FEH
SETB EA                   ; CPU 开中断
SETB ET0                  ; T0 允许中断
SETB TR0                  ; 启动 T0
MAIN:  SJMP MAIN          ; 主程序
INTT0: MOV TL0, #0CH      ; 重装计数初值
MOV TH0, #0FEH
CPL P1.0                  ; 取反输出
RETI                      ; 中断返回
        END
```

【例3】系统晶振频率为 12MHz，用 T1 方式 1 实现 1s 的延时。

解：因方式 1 采用 16 位计数器，其最大定时时间为 65536×1μs = 65.536ms，该怎么实现 1s（即 1000ms）的定时呢？

我们可以做一个 50 ms 的定时，即每 50 ms 中断一次，然后通过一个寄存器记录中断次数，每中断一次，让这个寄存器加 1，当这个寄存器的值等于 20 时，说明已经中断 20 次，正好就是 1000 ms 了。

定时 50ms 计数值为 5000，则计数初值为

$$X = M - \text{计数值} = 65536 - 5000 = 60536 = 3CB0H$$

即：TH1 = 3CH，TL1 = B0H，又因采用方式 1 定时，故 TMOD = 10H。

可编得 1s 定时子程序如下：

```
DELAY:  MOV R3, #20           ; 置 5ms 计数循环初值
MOV TMOD, #10H                ; 设定时器 1 为方式 0
MOV TH1, #3CH                 ; 置定时器初值
MOV TL1, #B0H
SETB TR1                      ; 启动 T1
LP1:  JBC TF1, LP2            ; 查询计数溢出
SJMP LP1                      ; 未到 5ms 继续计数
```

```
LP2:    MOV TH1, #3CH          ; 重新置定时器初值
MOV TL1, #B0H
DJNZ R3, LP1                   ; 未到1s继续循环
RET                            ; 返回主程序
```

项目技能实训

技能实训一　制作 1 秒定时闪烁电路

实训目的

（1）掌握定时器的初始化方法。
（2）掌握定时器的编程和使用方法。
（3）掌握使用 Keil C 软件调试和编译程序的方法。
（4）掌握使用 ISP 下载线下载程序的方法。

实训任务

制作单片机应用系统，P1.0 和 P1.1 作为输出口接两只发光二极管，使用定时器/计数器实现两只发光二极管模拟电子表两个点的 1 秒闪烁效果。

实训内容

一、硬件电路制作

1. 电路原理

根据任务要求，1 秒定时闪烁电路如图 7-6 所示。P1.0 和 P1.2 输出低电平使发光二极管发光。

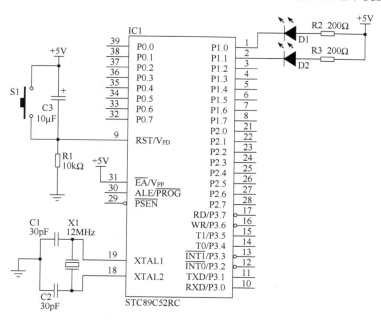

图 7-6　1 秒定时闪烁电路

2. 元件清单

1 秒定时闪烁电路元件清单见表 7-4。

表 7-4　1 秒定时闪烁电路元件清单

代号	名称	实物图	规格
R1	电阻		10kΩ
R2、R3	电阻		200Ω
C1、C2	瓷介电容		30pF
C3	电解电容		10μF
Y1	晶振		12MHz
IC1	单片机		STC89C52RC
D1、D2	发光二极管		红色 Φ5
S1	轻触按键		
	IC插座		40 脚

3. 电路制作步骤

对于简单电路，可以在万能实验板上进行电路的插装焊接。制作步骤如下。

（1）按电路原理图在万能实验板中绘制电路元器件排列布局图。

（2）按布局图依次进行元器件的排列、插装。

（3）按焊接工艺要求对元器件进行焊接，背面用 Φ0.5mm～Φ1mm 镀锡裸铜线连接，直到所有的元器件连接并焊完为止。

4. 电路的调试

通电之前先用万用表检查各电源线与地线之间是否有短路现象。

给硬件系统加电，检查所有插座或器件的电源端是否有符合要求的电压值、接地端电压是否为 0V。

二、程序设计

1. 用定时器/计数器 1，工作方式 1，TMOD 设置为 10H。定时时间取 50ms，对 50ms 中断 10 次，就是 0.5s。50ms 的计数初值为 3CB0H。

1s 定时闪烁程序流程图如图 7-7 所示。

1s 定时闪烁电路的参考程序如下：

```
ORG 0000H              ;程序开始
LJMP START             ;转初始化程序
ORG 001BH              ;定时器/计数器 1 中断入口地址
LJMP RT1               ;转定时器/计数器 1 中断服务程序
ORG 0030H              ;初始化程序开始
START:  MOV TMOD,#10   ;定时器/计数器 1, 工作方式 1
MOV TH1,#3CH           ;设置计数初值
MOV TL1,#0B0H          ;设置计数初值
MOV R2,#10             ;设置记录中断次数初值
SETB EA                ;开启总中断允许
SETB ET1               ;开启定时器/计数器 1 中断允许
SETB TR1               ;启动定时器/计数器 1
MAIN:                  ;主程序为空，称为动态停机，等待中断
LJMP MAIN

;  ********************中断服务程序

RT1:    MOV TH1,#3CH   ;定时器/计数器 1 中断服务子程序，置计数初值
MOV TL1,#0B0H
DJNZ R2,BACK           ;中断次数少于 5 次直接返回
MOV R2,#10             ;重新置中断次数初值
CPL P1.0               ;P1.0 取反
CPL P1.1               ;P1.1 取反
BACK:   RETI           ;中断返回
END
```

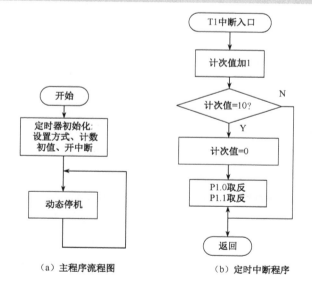

图 7-7　1 秒定时闪烁程序流程图

下面分析一下这个程序：进入主程序后，首先对定时器和中断有关的特殊功能寄存器初始化，对 TMOD 赋初值，以确实使用定时器 T1 的工作方式 1，并设定其启动仅受 TR0 的控制，工作在定时模式下；定时 50ms 的初始值我们在前面已分析过，应为 3CB0H，将 3CH 送

给 T0 的高 8 位 TH0，将 0B0H 送给 T0 的低 8 位 TL0，然后打开中断（包括开总中断和相应的中断源中断），启动定时器开始计数定时。初始化一旦完成，定时器便开始独立计数，不再占用 CPU 的时间，CPU 的工作和定时器的计数是同时进行的，互不影响。直到定时器计满溢出，表明定时时间 50ms 到，才向 CPU 发出中断申请，CPU 响应中断，暂停主程序的执行，转去执行中断服务程序，重载 T0 的计数初始值，计次值加 1，并判断计次值是否已达到 10（定时 500ms 时间是否已到），若等于 10，说明 500ms 定时时间已到，将计次值重新初始化为 0，并将发光二极管的亮灭状态取反，从而实现发光二极管每 1 秒钟闪烁 1 次。处理完毕后返回主程序断点处继续执行主程序（死循环）。

为了确保定时器的每次中断都是 50ms，我们需要在中断服务程序中每次都要为 TH0 和 TL0 重新加载计数初始值，否则的话，计数器计满溢出后将自动回零，下一次将从零开始计数定时，那么定时时间将不再是 50ms 了。由于每进入中断服务程序一次就需要 50ms 时间，在中断服务程序中要对计次值更新，并判断更新后的值是否已达到 10，也就是判断时间是否已到了 500ms，若时间到则重新初始化计次值，并将发光二极管的亮灭状态取反。

三、程序的调试与下载

（1）在编译完毕之后，选择【Debug】→【Start/Stop Debug Session】选项，如图 7-8 所示。或单击工具按钮 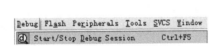，即进入仿真环境。

（2）单击菜单【Peripherals】→【Timer】→【Timer 1】，此时，弹出定时器/计数器 T1 的状态窗口，如图 7-9 所示。

图 7-8　调试菜单　　　　　　　　图 7-9　弹出定时器/计数器 T1 的状态窗口

（3）单击菜单【Peripherals】→【Interrupt】，此时，弹出中断系统的状态窗口，如图 7-10 所示。

（4）单击单步执行按钮（Step over），观察验证定时器/计数器 T1 和中断系统的状态变化，程序执行后 T1 和中断系统状态变化如图 7-11 所示。

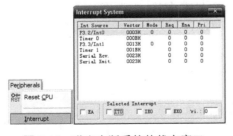

图 7-10　弹出中断系统的状态窗口　　　图 7-11　观察定时器/计数器 T1 和中断系统的状态变化

（5）将程序下载到单片机中，观察程序执行结果。

技能实训二　制作数字时钟

实训目的

（1）掌握数码管动态显示及编程方法。
（2）掌握定时器的使用及编程方法。
（3）掌握独立按键的使用及编程方法。
（4）掌握使用 Keil C 软件调试和编译程序的方法。
（5）掌握使用 ISP 下载线下载程序的方法。

实训任务

数字时钟要完成的功能是显示小时、分钟和秒，是一个按秒计数并显示的计数器，其中秒和分钟是 60 进制，小时是 24 进制（也可用 12 进制）计数。我们常见的数字时钟一般采用数码管作为显示工具，有的具有调时和定时等功能。

实训内容

一、硬件电路制作

1. 电路原理图

根据任务要求，数字时钟电路如图 7-12 所示。

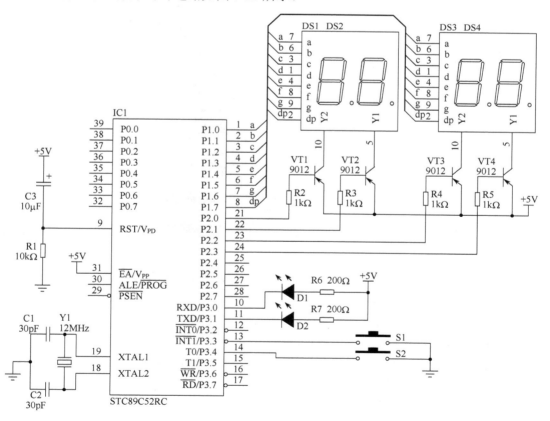

图 7-12　数字时钟电路

2．元件清单

数字时钟元件清单见表 7-5。

表 7-5　数字时钟电路元件清单

代　　号	名　　称	实　物　图	规　　格
R1	电阻		10kΩ
R2～R5	电阻		1kΩ
R6、R7	电阻		200Ω
C1、C2	瓷介电容		30pF
C3	电解电容		10μF
Y1	晶振		12MHz
IC1	单片机		STC89C52RC
D10、D11	发光二极管		Φ5
VT1～VT4	PNP 型三极管		9012
DS1～DS4	数码管		共阳型
S1、S2	轻触按键		
	IC 插座		40 脚

3．电路制作步骤

本电路稍复杂，可在万能实验板上进行电路的插装焊接，有条件的话可以制作印制电路板。在万能板上制作的步骤如下。

（1）按电路原理图在万能实验板中绘制电路元器件排列布局图。

（2）按布局图依次进行元器件的排列、插装。

（3）按焊接工艺要求对元器件进行焊接，背面用 Φ0.5mm～Φ1mm 镀锡裸铜线连接，直到所有的元器件连接并焊完为止。

数字时钟电路装接图如图 7-13 所示。

图 7-13　数字时钟电路装接图

4. 电路的调试

通电之前先用万用表检查各电源线与地线之间是否有短路现象。

给硬件系统加电，检查所有插座或器件的电源端是否有符合要求的电压值、接地端电压是否为 0V。

二、程序设计

1. 程序流程图

根据数字时钟系统实现的功能，软件要完成的工作是：按键扫描和处理、延时 1 秒并计时、显示数值 BCD 码转换、动态扫描显示程序等。

初始化程序及主程序：初始化程序主要完成定义变量内存分配、初始化缓冲区、初始化 T0 定时器、初始化中断，开中断、启动定时器；主程序循环调按键处理子程序、调 BCD 码转换子程序、调显示子程序，流程图如图 7-14 所示。

按键扫描子程序：根据硬件电路，两个按键的作用是完成调时，每按一次 S1 小时数加 1，每按一次 S2 分钟数加 1。扫描过程为：逐一检查按键是否按下，如果没有按下，则继续检查下一按键；如果按键按下，延时去抖后执行按键相应功能指令，流程图如图 7-15 所示。

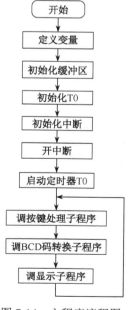

图 7-14　主程序流程图

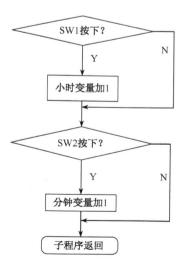

图 7-15　按键扫描子程序流程图

定时中断服务程序：利用定时器/计数器 T0 进行 50ms 的定时，R3 计数 10 次，完成 0.5 秒计时并加 1，同时秒点（两个发光二极管）亮灭状态取反，判断是不是到 60 秒（120 次），到 60 秒分钟加 1，判断是不是到 60 分，到 60 分小时加 1，小时到 24 时置 0，流程图如图 7-16 所示。

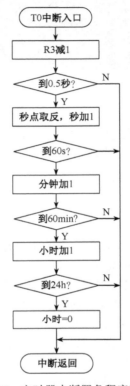

图 7-16　定时器中断服务程序流程图

BCD 码转换子程序：小时数值 HOUR 送 A，除以 10，A 中商为小时十位，送 HOUR_2 保存，B 中余数为小时个位，送 HOUR_1 保存。分钟数值 MIN 送 A，除以 10，A 中商为分钟十位，送 MIN_2 保存，B 中余数为分钟个位，送 MIN_1 保存。

显示时间程序采用动态扫描的方法，P0 口输出段码，P2 口的 P2.0、P2.1、P2.2、P2.3 输出位码，依次显示小时十位、小时个位、分钟十位和分钟个位。

2. 数字时钟参考程序清单

```
    HOUR EQU 40H              ;小时变量
    MIN EQU  41H              ;分钟变量
    SEC EQU  42H              ;秒变量
    HOUR_1 EQU 50H            ;小时 BCD 码个位
    HOUR_2 EQU 51H            ;小时 BCD 码十位
    MIN_1 EQU 52H             ;分钟 BCD 码个位
    MIN_2 EQU 53H             ;分钟 BCD 码十位
    SW1 BIT P3.3              ;小时加 1 按键
    SW2 BIT P3.4              ;分钟加 1 按键
;*****************************************************************
    ORG 0000H
```

```
        LJMP START              ;转移到初始化程序
        ORG 000BH
        LJMP CT0S               ;到定时器 0 的中断服务程序
        ORG 0030H
        START:                  ;初始化部分
        MOV HOUR,#12            ;初始时间 12:00
        MOV MIN,#00
        MOV R3,#10              ;初始化 R3（10 次 50ms 的中断为 500ms）
        MOV TMOD,#01H           ;初始化 T0 定时器，T0 工作方式 1，定时 50ms
        MOV TH0,#3CH            ;送定时器初值
        MOV TL0,#0B0H
        SETB EA                 ;开总中断
        SETB ET0                ;开定时器 0 中断
        SETB TR0                ;启动定时器
        MAIN:
        LCALL KEYPRESS          ;调按键处理子程序
        LCALL BCD8421           ;调 BCD 码转换子程序
        LCALL DISPLAY           ;调显示子程序
        LJMP MAIN
;*****************************************************
DELAY:  MOV R7,#255            ;延时子程序
    DJNZ R7,$
RET
;*****************************************************
        KEYPRESS:               ;按键处理子程序，P3.2、P3.3 为按键的接口
        SETB SW1                ;设置为输入
        JB SW1,KEY1             ;按键没有按下，查询下一按键
        LCALL DELAY             ;若按下，延时去抖
        JB SW1,KEY1
        MOV A,HOUR              ;小时变量送 A
        INC A                   ;小时数加 1
        MOV HOUR,A              ;保存小时数
        CJNE A,#24,KEY0         ;如果不等于 24，等待按键释放
        MOV HOUR,#00H           ;如果等于 24，则使小时变量送 0
        KEY0:   LCALL DISPLAY   ;调显示子程序一方面起延时去抖的作用，
                                ;另一方面是为了在等待按键释放时显示不灭
        JNB SW1,KEY0            ;没有释放，继续等待
        LCALL DISPLAY
        JNB SW1,KEY0
        KEY1:   SETB SW2
        JB SW2,KRET
        LCALL DELAY
        JB SW2,KRET
        MOV A,MIN
        INC A                   ;分钟变量加 1
        MOV MIN,A
        CJNE A,#60,KEY10        ;如果不等于 60，等待按键释放
        MOV MIN,#00H            ;如果等于 60，则使分钟变量送 0
```

```
KEY10:  LCALL DISPLAY
        JNB SW2,KEY10
        LCALL DISPLAY
        JNB SW2,KEY10
KRET:   RET
;********************定时中断，每隔50ms中断一次
CT0S:   PUSH ACC             ;保护现场
        MOV TH0,#3CH          ;重新送定时器初值
        MOV TL0,#0B0H
        DJNZ R3,TIMEEND      ;中断次数不足10次直接返回
        MOV R3,#10           ;中断次数满10次为0.5秒，重新送计数初值
        CPL P3.0             ;秒点取反
        CPL P3.1
        MOV A,SEC            ;秒增加1
        INC A
        MOV SEC,A
        CJNE A,#120,TIMEEND
        MOV SEC,#00H
        MOV A,MIN            ;满120个0.5秒，分钟加1
        INC A
        MOV MIN,A
        CJNE A,#60,TIMEEND
        MOV MIN,#00H
        MOV A,HOUR           ;满60分钟，小时加1
        INC A
        MOV HOUR,A
        CJNE A,#24,TIMEEND
        MOV HOUR,#00H
TIMEEND:POP ACC              ;恢复现场
        RETI
;********************BCD码转换子程序，变量不大于60，没有百位
BCD8421:MOV A,HOUR
        MOV B,#0AH
        DIV AB               ;除以10，商为十位，余数为个位
        MOV HOUR_2,A
        MOV HOUR_1,B
        MOV A,MIN
        MOV B,#0AH
        DIV AB
        MOV MIN_2,A
        MOV MIN_1,B
        RET
;**************************************************
DISPLAY:                     ;以下是显示子程序，P1口输出段码，P2口输出位码
        MOV P2,#00H          ;显示小时的部分
        MOV DPTR,#CHAR
        MOV A,HOUR_2
        MOVC A,@A+DPTR
```

```
        MOV P1,A
        MOV P2,#0FEH
        LCALL DELAY
        MOV P2,#0FFH
        MOV A,HOUR_1
        MOVC A,@A+DPTR
        MOV P1,A
        MOV P2,#0FDH
        LCALL   DELAY
        MOV P2,#0FFH
        MOV A,MIN_2                      ;显示分钟的部分
        MOVC A,@A+DPTR
        MOV P1,A
        MOV P2,#0FBH
        LCALL DELAY
        MOV P2,#0FFH
        MOV A,MIN_1
        MOVC A,@A+DPTR
        MOV P1,A
        MOV P2,#0F7H
        LCALL DELAY
        MOV P2,#0FFH
        RET
CHAR:DB 0C0H,0F9H,0A4H,0B0H,99H,92H,82H,0F8H,80H,90H ;共阳型字形码表
        END
```

三、程序的调试与下载

程序调试无误后，将程序下载到单片机中，观察程序执行结果。

项目评价

项目检测		分值	评分标准	学生自评	教师评估	项目总评
任务知识内容	定时器/计数器的基础知识	10	理解定时器/计数器的概念，能够对定时器/计数器进行基本设置			
	定时器/计数器的编程使用	30	熟练掌握与定时器/计数器相关的寄存器的定义及设置，掌握初始化程序的编写			
	1秒定时闪烁电路的制作	20	能够通过中断和计数相结合的方法实现长时间定时			
	数字时钟电路的制作	30	能够设计数字时钟硬件电路，会编写数字时钟程序			
	安全操作	5	工具使用、仪表安全			
	现场管理	5	出勤情况、现场纪律、协作精神			

项目小结

（1）STC89C52RC 单片机有两个 16 位的定时器/计数器，既可以作为定时器使用，也可以

作为计数器使用。

（2）定时器/计数器有 4 种工作方式，工作方式由寄存器 TMOD 决定，每种工作方式计数的最大值不同。

（3）定时器/计数器初始化的步骤如下。

① 确定工作方式（对 TMOD 赋值）。

② 预置定时或计数的初值（直接将初值写入 TH0、TL0 或 TH1、TL1）。

③ 根据需要开启定时器/计数器中断（直接对 IE 寄存器赋值）。

④ 启动定时器/计数器工作（若用软件激活，则可将 TR0 或 TR1 置 1）。

（4）数字时钟的硬件电路主要由 CPU、时钟电路、复位电路、数码显示电路、1 秒闪烁电路和按键等组成。

思考与练习

1. 如果系统的晶振频率为 12MHz，定时器/计数器方式 1 和方式 2 最长定时时间是多少？

2. 如果系统的晶振频率为 12MHz，利用定时器 T0 工作方式 1，在 P2.0 端口产生频率为 10Hz 的方波，试编写程序。

3. 已知晶振频率为 6MHz，若定时器 T0 工作于方式 1，要求定时 20ms，试计算 TH0 和 TL0 的初值。当作为计数器要求计数 2000 次时，TH0 和 TL0 的初值是多少？

4. 若为本项目的数字时钟增加小时减 1、分钟减 1 调时功能，电路和程序应该怎样修改？

5. 若将本项目数字时钟的 1 秒闪烁电路去掉，改为两位数码管显示秒数值，用 P2 口的 P2.4 和 P2.5 控制，电路和程序应该怎样修改？

项目八

A/D 转换电路的应用

在自动控制领域中，通常需要用单片机进行实时控制和数据处理，由于被测对象或者被控对象在时间上和数值上是连续变化的模拟量，如温度、速度、压力、电流、电压等，而单片机只能处理数字量，因此在单片机应用系统中处理模拟量时，需要将模拟量转换为数字量，即 A/D 转换。

知识目标

（1）了解 ADC0809 芯片的内部结构。
（2）掌握 ADC0809 芯片的引脚功能及工作过程。
（3）掌握 ADC0809 与单片机的接口电路。

技能目标

（1）掌握系统扩展的方法。
（2）掌握数字电压表电路的原理和制作方法。
（3）掌握电子温度计电路设计和程序编写方法。

项目基本知识

知识一　系统扩展

在 MCS-51 单片机的内部虽已集成了很多资源，但这类单片机属于一种"通用"的单片机，单片机内部的各种资源都是折中配置的，如片内程序存储器、数据存储器的容量都不大，并行 I/O 端口的数量也不多，此外，在有些应用中，片内定时器、中断、串行口等也显得不足，还有一些功能是基本型 MCS-51 单片机所没有的，比如 A/D 转换、D/A 转换等。实际应用中的要求是各种各样的，如果用到了 MCS-51 单片机内部所没有的资源（如 A/D，D/A 等），或者单片机内部虽有，但却不够使用的资源，就要根据需要，对单片机进行扩展，以增加所需要的功能。

一、MCS-51 单片机扩展的原理

MCS-51 单片机被设计成具有通用计算机那样的外部总线结构，所以对 MCS-51 单片机进行扩展很方便，下面首先了解片外总线的工作原理。

1. 片外总线结构

图 8-1 是单片机的三总线结构示意图，一般芯片的引脚都很多，要进行扩展，直接的问题是各种芯片如何与单片机连接。MCS-51 系列单片机采用"总线"的方法进行扩展。所谓总线，实际上就是连接系统中主机与各扩展部件的一组公共信号线。各个外围功能芯片通过三组总线与单片机相连。这三组总线分别是数据总线、地址总线和控制总线，下面分别介绍。

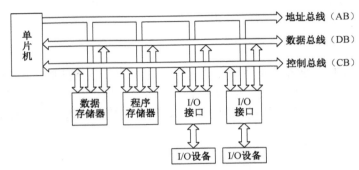

图 8-1 单片机的三总线结构

（1）数据总线（DB）：用于外围芯片和单片机之间进行数据传递，比如将外部存储器中的数据送到单片机的内部，或者将单片机中的数据送到外部的 A/D 转换器。在 MCS-51 单片机中，数据的传递是用 8 根线同时进行的，也就是数据总线的宽度是 8 位，这 8 根线就被称为数据总线。数据总线是双向的，既可以由单片机传到外部芯片，也可以由外部芯片传入单片机。

（2）地址总线（AB）：如果单片机扩展外部的存储器芯片，在一个存储器芯片中有许多的存储单元，要依靠地址进行区分，在单片机和存储器芯片之间要用一些地址线相连。除存储器之外，其他扩展芯片也有地址问题，也需要和单片机之间用地址线连接，各个外围芯片共同使用的地址线构成了地址总线。地址总线也是公用总线中的一种，用于单片机向外部输出地址信号，它是一种单向的总线。地址总线的根数决定了单片机可以访问的存储单元数量和 I/O 端口的数量。有 n 根线，则可以产生 2^n 个地址编码，访问 2^n 个地址单元。

（3）控制总线（CB）：这是一组控制信号线，有一些是由单片机送出（去控制其他芯片）的，而有一些则是由其他芯片送出（由单片机接收以确认这些芯片的工作状态等）的。对于 MCS-51 单片机而言，这一类线的数量不多。这类线就其某一根而言是单向的，可能是单片机送出的控制信号，也可能是外部送到单片机的控制信号，但就其总体而言，则是双向的。

2. 三总线扩展的方法

MCS-51 单片机有 4 个 8 位的并行口，已占用了 32 条引线，而 MCS-51 单片机总共只有 40 条引脚，这 8 根数据线和 16 根地址线必须采用引脚复用的方法，也就是一根引脚必须有两种或更多种功能，才能满足需要，某一根引脚究竟做何用，则根据硬件的要求进行设计，从而使用不同的功能。

1）P0 口作为数据总线和低 8 位地址线

MCS-51 单片机的 P0 口是一个多功能口，如果扩展外围芯片，P0 口就可以作为数据总线和低 8 位的地址总线来使用。CPU 先从 P0 口送出低 8 位地址，然后从 P0 口送出数据或接收数据。

2）以 P2 口作为高 8 位地址线

在 MCS-51 访问外部存储器或 I/O 口时，可能需要超过 8 位的地址线，这时就用 P2 作为高 8 位的地址线。在 P0 口出现低 8 位地址信号时，P2 口也出现高 8 位的地址线，这样一共就可以有 16 根地址线。

3）地址、数据分离电路

单片机的 P0 口作为数据总线和低 8 位的地址总线来使用，如果直接将 P0 口接到扩展芯片的数据总线和低 8 位地址线是行不通的，例如单片机选定了外部存储器的 0000H 单元，P0、P2 口就应当输出 00H，这样才能选中 0000H 单元，在选中 0000H 单元后，就从这个单元读取数据，这个数据的值是随机的，假设这个数据是 10H，P0 口就变成了 10，但这样就不再是选中 0000H 单元了，而是选中了 0010H 单元，显然，这从逻辑上是讲不通的，所以 P0 口送出地址和接收或更新数据是分时进行的，一定要把地址和数据区分开。

图 8-2 是 P0 口的地址/数据复用关系，从图中可以看出，在每一个周期里，P2 口始终输出高 8 位的地址信号，而 P0 口却被分成两个时段，第一个时段是输出低 8 位的地址，而第二个时段则是传输数据，为了要把低 8 位的地址信号提取出来，要用到一个称之为"锁存器"的芯片。从图 8-2 还可以看出，在 ALE 的上升沿到来时，P0 口处于"浮空"状态，也是"高阻"状态，即构成 P0 口输出的两个晶体管均处于"截止"的状态。这样，不会影响到锁存器，否则这段时间里面又乱了。

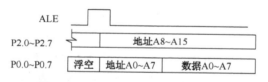

图 8-2   P0 口地址、数据复用示意图

ALE 信号就是 MCS-51 单片机提供的专用于数据/地址分离的一个引脚。

图 8-3 是一种锁存器芯片 74LS373 的引脚及功能示意图。可以把 74LS373 的功能描述为：当控制端 LE 是高电平时，输出端（Q0～Q7）和输入端（D0～D7）相连，因此，输出端的状态与输入端相同。当控制端 LE 是低电平时，输出端（Q0～Q7）与输入端（D0～D7）断开连接，并且保持原来的状态，或者说，当控制端 LE 是低电平时，即便输入端（D0～D7）的状态发生变化，输出端（Q0～Q7）的状态也不会随之改变，即锁存。

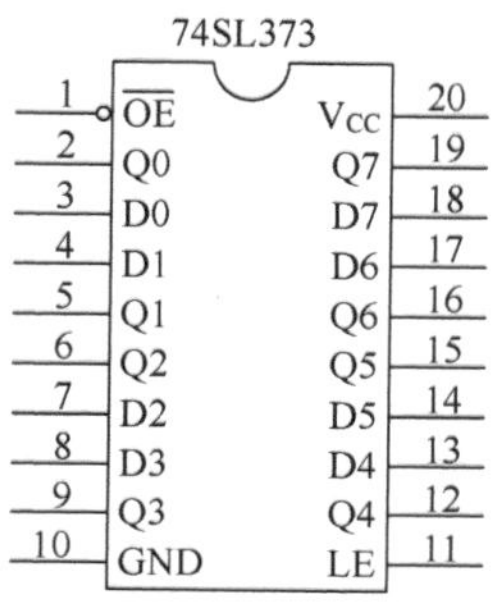

74SL373

```
    1  ○ OE      Vcc  20
    2   Q0        Q7  19
    3   D0        D7  18
    4   D1        D6  17
    5   Q1        Q6  16
    6   Q2        Q5  15
    7   D2        D5  14
    8   D3        D4  13
    9   Q3        Q4  12
   10   GND       LE  11
```

图 8-3   74LS373 引脚及功能示意图

图 8-4 是利用上述芯片构成的地址/数据分离电路示意图。其中 74LS373 的输入端（D0～D7）与单片机的 P0 口相连，而控制端 LE 则接到单片机的 ALE 输出引脚上，74LS373 的输出

端（Q0～Q7）接到外部扩展芯片的低 8 位地址线（A0～A7）上。ALE 信号在 P0 口输出地址信号的那一段时间是高电平，因此，这段时间中，74LS373 的输出端的状态和 P0 口的状态相同，即反映了低 8 位的地址信号。而当 P0 口开始准备接收或者发送数据时，ALE 端就变成了低电平，因此，即便此时 P0 口的状态发生变化，74LS373 的输出端也不会跟着发生变化，即低 8 位的地址信号被"锁"住了。

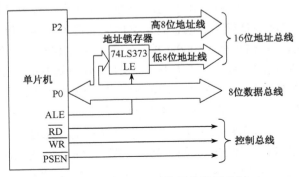

图 8-4　P0 口地址、数据分离示意图

二、外部设备的编址

在计算机和单片机系统中，总线上的每个外设都有各自的地址，CPU 通过每个外设的地址访问所对应的外设。那么外设地址是怎样确定的呢？

芯片扩展之后，我们可以用地址表来确定外设的地址。地址表见表 8-1，地址表的第 1 行是 CPU 的所有地址线，高 8 位地址由 P2 口提供，低 8 位地址由 P0 口提供；第 2 行是外设所对应的地址线（外设的地址线不一定有 16 根）；第 3 行是地址线的具体取值，根据电路的连接情况取 0 或者取 1，对于没有连接的地址线可以取 0，也可以取 1，这时记为×，通常将×全部取 1。在表 8-1 中，所对应的地址是 FCDAH。

表 8-1　地址表

P2.7	P2.6	P2.5	P2.4	P2.3	P2.2	P2.1	P2.0	P0.7	P0.6	P0.5	P0.4	P0.3	P0.2	P0.1	P0.0
A15	A14	A13	A12	A11	A10	A9	A8	A7	A6	A5	A4	A3	A2	A1	A0
×	×	×	×	×	×	0	0	1	1	0	1	1	0	1	0

议一议：

（1）请讨论一下单片机三总线各有什么功能。

（2）请讨论一下外设的编址有何意义。

知识二　认识 A/D 转换电路

A/D 转换电路是单片机应用系统中的重要部件。它负责接收现场的模拟信号，并将其转换为单片机能够处理的数字信号。

一、A/D 转换电路简介

A/D 转换电路能够将模拟信号转换为与之对应的二进制数字信号。根据转换原理，A/D 转换器可以分为逐次逼近式、双积分式、计数器式和并行式，其中使用较多的是逐次逼近式，它结构简单，转换精度和转换速度高，且价格低。使用逐次逼近式转换的典型 A/D 转换器芯片是 ADC0809。

A/D 转换器的性能指标是衡量转换质量的关键，也是正确选择 A/D 转换器的依据。A/D 转换器的性能指标包括以下几个方面。

（1）分辨率：分辨率通常用数字量的位数表示，如 8 位 A/D 转换器的分辨率就是 8 位，或者说分辨率为满刻度的 $1/2^8 = 1/256$。分辨率越高，对于输入量微小变化的反应越灵敏。

（2）量程：即 A/D 转换器所能转换的电压范围，如 5V、10V。

（3）转换精度：指的是实际的 A/D 转换器与理想的 A/D 转换器在量化值上的差值。

（4）转换时间：是指 A/D 转换器转换一次所用的时间，其倒数是转换速率。

（5）温度系数：是指 A/D 转换器受环境温度影响的程度。一般用环境温度变化1℃所产生的相对误差来作为指标。

二、A/D 转换集成电路 ADC0809 简介

ADC0809 是美国国家半导体公司生产的 CMOS 工艺 8 通道、8 位逐次逼近式 A/D 转换器。其内部有一个 8 通道多路开关，它可以根据地址码锁存译码后的信号，只选通 8 路模拟输入信号中的一个进行 A/D 转换。ADC0809 是目前国内应用最广泛的 8 位通用 A/D 芯片。

1. ADC0809 内部逻辑结构

ADC0809 的内部逻辑结构框图如图 8-5 所示。它由 8 路模拟开关及地址锁存与译码器、8 位 A/D 转换器和三态输出锁存器三大部分组成。

1）8 路模拟开关及地址锁存与译码器

8 路模拟开关用于锁存 8 路的输入模拟电压信号，且在地址锁存与译码器作用下切换 8 路输入信号，选择其中一路与 A/D 转换器接通。地址锁存与译码器在 ALE 信号的作用下锁存 A、B、C 上的 3 位地址信息，经过译码切换 8 路模拟开关选择通道。ADC0809 通道选择编码见表 8-2。

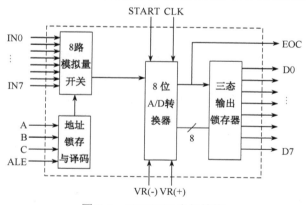

图 8-5　ADC0809 内部结构

2）8 位 A/D 转换器

8 位 A/D 转换器用于将输入的模拟量转换为 8 位的数字量，A/D 转换由 START 信号启动控制，转换结束后控制电路将转换结果送入三态输出锁存器锁存，并产生 EOC 信号。

3）三态输出锁存器

三态输出锁存器用于锁存 A/D 转换的数字量结果。在 OE 低电平时，数据被锁存，输出为高阻态；当 OE 为高电平时，可以从三态输出锁存器读出转换的数字量。

表 8-2　ADC0809 通道选择表

C	B	A	选择的通道
0	0	0	IN0
0	0	1	IN1
0	1	0	IN2
0	1	1	IN3
1	0	0	IN4
1	0	1	IN5
1	1	0	IN6
1	1	1	IN7

2. ADC0809 的引脚及功能

ADC0809 芯片采用双列直插式封装，共有 28 个引脚，引脚排列如图 8-6 所示。各引脚的功能如下：

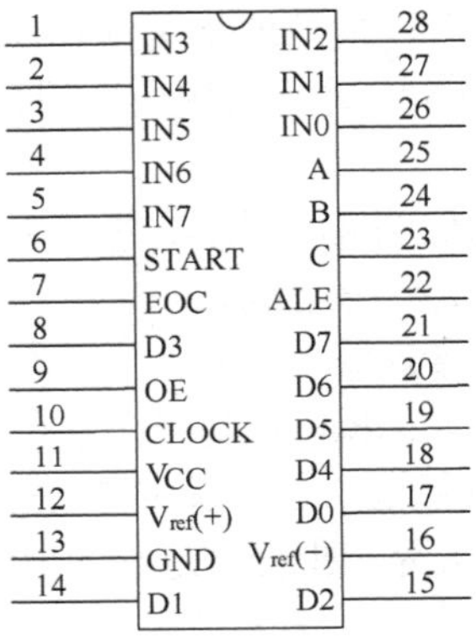

图 8-6　ADC0809 的引脚图

（1）IN7～IN0：模拟量输入通道。ADC0809 对输入模拟量的要求主要有：信号为单极性，电压范围为 0～5V，如果信号输入过小还必须放大。同时，模拟量输入在 A/D 转换过程中其值应保持不变，而对变化速度较快的模拟量，在输入前应当外加采样保持电路。

（2）D7～D0：转换结果输出端。该输出端为三态缓冲输出形式，可以和单片机的数据线直接相连。

（3）A、B、C：模拟通道地址线。A 为低位，C 为高位，用于选择模拟通道。其地址状态与通道相对应的关系见表 8-2。

（4）ALE：地址锁存控制信号。当 ALE 为高电平时，A、B、C 地址状态送入地址锁存器中，选定模拟输入通道。

（5）START：启动转换信号。在 START 上跳沿时，所有内部寄存器清零；START 下跳沿时，启动 A/D 转换；在 A/D 转换期间，START 应保持低电平。

（6）CLOCK：时钟信号。ADC0809 的内部没有时钟电路，所需要的时钟信号由外部提供，通常使用频率为 500kHz 的时钟信号，最高频率为 1280kHz。

（7）EOC：A/D 转换结束状态信号。EOC=0，表示正在进行转换；EOC=1，表示转换结束。该状态信号既可供查询使用，又可作为中断请求信号使用。

（8）OE：输出允许信号。OE=1 时，控制三态输出锁存器将转换结果输出到数据总线。

（9）V_{REF}（+）、V_{REF}（-）：正负基准电压。通常 V_{REF}（+）接 V_{CC}，V_{REF}（-）接 GND。当精度要求较高时需要另接高精度电源。

3．ADC0809 的工作过程

综上所述，ADC0809 的工作过程如下：

（1）首先确定 A、B、C 三位地址，从而选择模拟信号由哪一路输入。

（2）ALE 端接收正脉冲信号，使该路模拟信号经锁存后进入比较器的输入端。

（3）START 端接受正脉冲信号，START 的上升沿将逐次逼近，寄存器复位，下降沿启动 A/D 转换。

（4）EOC 输出信号变低，指示转换正在进行。

（5）A/D 转换结束，EOC 变为高电平，指示 A/D 转换结束。此时，数据已保存到 8 位三态输出锁存器中。CPU 可以通过使 OE 信号为高电平，打开 ADC0809 三态输出，将转换后的数字量送至 CPU。

三、ADC0809 和单片机接口电路

ADC0809 与 MCS-51 单片机标准的三总线连接方法如图 8-7 所示。

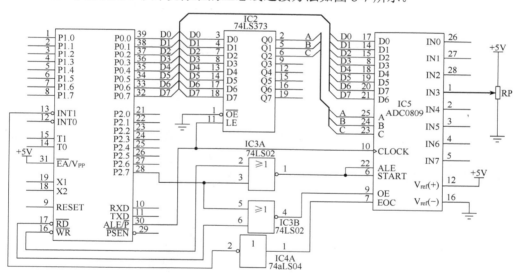

图 8-7　ADC0809 与 MCS-51 的三总线连接图

ADC0809 与单片机连接时需要解决好两个问题：一是 8 路模拟信号的通道选择及启动转换，二是 A/D 转换完成后转换数据的传送。

1．8 路模拟信号的通道选择及启动转换

ADC0809 的模拟通道地址线 A、B、C 分别接系统地址锁存器提供的低 3 位地址，只要将 3 位地址写入 ADC0809 中，就可以实现模拟通道的选择。口地址由 P2.7 确定，以 $\overline{WR}$ 作为写选通信号，$\overline{RD}$ 作为读选通信号。

当单片机对地址锁存器执行一次写操作时，使得 P2.7 和 $\overline{WR}$ 有效，经或非门产生一个上升沿信号，将 A、B、C 上的地址信息送入地址锁存器后并译码，写操作完成后 $\overline{WR}$ 变为 "1" 无效，此时经或非门产生一个下降沿信号，启动 A/D 转换。

IN3 通道的地址可按表 8-3 确定，"×" 表示没有连接的无关项（取值时可以取 0，也可以取 1），全部取 1，因此其地址为 7FFBH。

表 8-3 地址表

P2.7	P2.6	P2.5	P2.4	P2.3	P2.2	P2.1	P2.0	P0.7	P0.6	P0.5	P0.4	P0.3	P0.2	P0.1	P0.0
A15	A14	A13	A12	A11	A10	A9	A8	A7	A6	A5	A4	A3	A2	A1	A0
0	×	×	×	×	×	×	×	×	×	×	×	×	0	1	1

例如，要选择通道 3，采用如下两条指令，即可启动对通道 3 的 A/D 转换：

```
MOV    DPTR, #07FFBH    ;送入通道 3 的地址
MOVX   @DPTR, A         ;启动 A/D 转换（IN0）
```

注意：此处指令 MOVX @DPTR，A 产生 3 个功能，第一是将 3 位通道地址写入 ADC0809，选中 IN3 通道；第二是使决定口地址的 P2.7 产生一个负脉冲；第三是执行该指令会使写控制脚 $\overline{WR}$ 自动产生一个负脉冲。而 P2.7 和 $\overline{WR}$ 的负脉冲通过或非门形成的正脉冲正是启动 A/D 转换所需要的脉冲，至于输出的值可为任意数，所以不用先给 A 送数。

2. 转换数据的传送

A/D 转换从启动到转换完成需要一定的时间，在此期间，CPU 须等待转换完成后才能进行数据传送。因此，数据传送的关键问题是如何确认 A/D 转换的完成，通常可采用延时、查询和中断方式，直到 EOC=1。

不管使用哪种方式，一旦确认转换结束，便可以通过指令进行数据传送。所用的指令为 MOVX 读指令，其过程如下：

```
MOV    DPTR, #07FFBH    ;送入通道 3 的地址
MOVX   A, @DPTR         ;将转换结果送入 A
```

由于 ADC0809 的地址线只有 A、B、C 三根，而 P2 口所提供的地址是不需要锁存的，所以在与 CPU 连接时也可以不使用锁存器，而将 ADC0809 的地址线连接在 P2 口上。ADC0809 与 MCS-51 单片机的另一种常用连接方法如图 8-8 所示。其地址请读者自己推算。

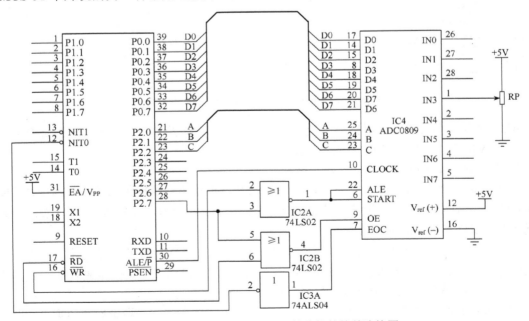

图 8-8 ADC0809 与 MCS-51 单片机的简单连接图

议一议：

（1）结合 ADC0809 的引脚及功能，讨论 ADC0809 的工作过程在信号产生和应答方面具有怎样的合理性？

（2）文中所示 ADC0809 的接口电路中，其它 7 个模拟信号输入通道的地址是多少？请将它们分别推算出来。

（3）想一想，我们的身边有哪些电子产品里需要 A/D 转换器？

项目技能实训

技能实训一　制作数字电压表

数字电压表（数字面板表）是当前电工、电子、仪器、仪表和测量领域大量使用的一种基本测量工具，它不但测量精度高、价格便宜，而且还有完善的保护措施防止操作不当引起损坏。数字电压表的测量过程本质上就是将模拟电压信号转换所数字信号的过程。

实训目的

（1）掌握数码显示电路的连接方法。
（2）掌握 ADC0809 的启动和转换结果的读取方法。
（3）会对数字量的数据进行处理。
（4）掌握处理小数的技巧。

实训任务

本项目任务是利用单片机与 ADC0809 设计制作一款简单的数字电压表，能够测量 0～5V 的直流电压值，最小分度值为 0.01V，测量结果由数码管以十进制的形式显示。

实训内容

一、硬件电路制作

硬件电路的组成方框图如图 8-9 所示。

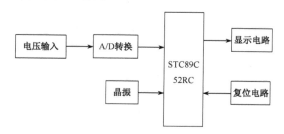

图 8-9　温度测量电路方框图

1. 显示电路

数码显示电路：使用三位数码管动态扫描方式，P1 口提供段码，P3 口的 P3.0、P3.1、P3.2 作为位控。复位、晶振及显示电路如图 8-10 所示。

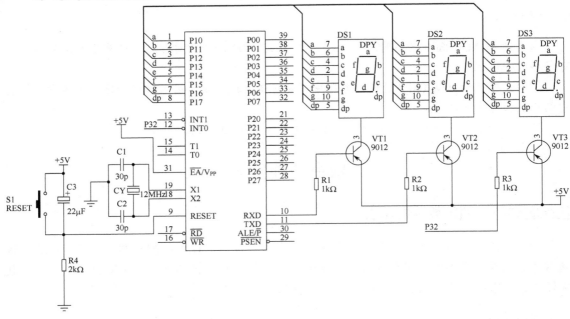

图 8-10　复位、晶振及显示电路

2．A/D 转换接口电路

A/D 转换及其接口电路如图 8-11 所示，将二输入或非门的两个输入端相连即可构成非门，由于我们只有一路模拟信号输入，所以直接将地址线 A、B、C 接地，就可以选中 ADC0809 的"0"通道，电位器的滑动端滑至最上端，对输入的模拟信号无衰减。

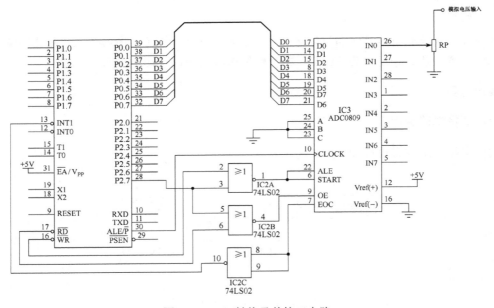

图 8-11　A/D 转换及其接口电路

3．元件清单

数字电压表的电路元件清单见表 8-4。

表 8-4　数字电压表电路元件清单

代　号	名　称	实　物　图	规　格
R1～R3	电阻		1kΩ
R4	电阻		2kΩ
R5	电阻		1kΩ
R6～R8	电阻		10kΩ
C1、C2	瓷介电容		30pF
C3	电解电容		22μF
C4	电解电容		4μF
S1	轻触按键		
CY	晶振		12MHz
IC1	单片机		STC89C52RC
	IC 插座		40 脚
RP	电位器		10kΩ
IC2	四或非门		74LS02
IC3	A/D 转换集成电路		ADC0809
VT1～VT3	三极管		9012
DS1～DS3	共阳极数码管		

4．电路制作步骤

数字电压表电路稍复杂，有条件的可以制作印制电路板，在万能板上制作的步骤如下。

（1）按照原理图在万能实验板中绘制电路元器件排列布局图。

（2）按照排列布局图依次进行元器件的排列、插装。

（3）按照焊接工艺要求对元器件进行焊接，背面用 Φ0.5mm～Φ1mm 镀锡裸铜线连接，直到所有的元器件连接并焊完为止。

5．电路的调试

通电之前先用万用表检查各电源线与地线之间是否有短路现象。

给硬件系统加电，检查所有插座或器件的电源端是否有符合要求的电压值、接地端电压是否为 0V。

二、程序设计

1. 程序流程图

根据系统需要实现的功能，软件要完成的工作是：读取 A/D 转换结果、以十进制形式显示电压值。其效果如图 8-12 所示。

图 8-12　电压显示效果图

软件部分可以分为以下几个模块。

（1）主程序：主要完成中断初始化、允许中断、启动 A/D 转换。主程序流程图如图 8-13 所示。

（2）外部中断 1 服务程序：根据硬件电路，当 A/D 转换结束后引起外部中断 1 中断。所以其主要任务是读取 A/D 转换的结果，进行电压数据处理之后送显示缓冲区用于显示。电压数据处理程序主要完成将 A/D 转换后的数字信号换算成十进制形式的电压值，换算公式为 $D \div 256 \times V_{ref}$ 。

显示缓冲区使用 41H 单元存放电压的整数值，42H 单元存放小数点后第一位数值，43H 单元存放小数点后第二位数值。因为在显示子程序和外部中断 1 服务程序中都要使用累加器 A 和数据指针 DPTR，所以必须对这两个寄存器进行保护，即所谓的现场保护。其流程图如图 8-14 所示。

图 8-13　主程序流程图　　　　　图 8-14　外部中断 1 服务程序流程图

（3）显示子程序：采用软件译码、动态扫描方式，将 A/D 转换结果显示在三位数码管上，流程图如图 8-15 所示。

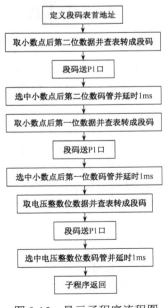

图 8-15　显示子程序流程图

2. 参考程序

运行程序前须先将电位器 RP 滑至最上端，使输入的电压模拟信号无衰减。

```
ORG 0000H
LJMP MAIN
ORG 0013H                    ;外部中断 1 入口地址
LJMP INT_1                   ;转移到外部中断 1 的服务程序 INT_1
ORG 2000H
START:  MOV SP, #70H         ;初始化堆栈指针
SETB IT1                     ;设定中断方式为下降沿触发
SETB EX1                     ;开外部中断 1
SETB EA                      ;开总中断
MOV DPTR,#7FF8H              ;ADC0809 通道 0 的地址
MOVX @DPTR,A                 ;启动 A/D 转换
MAIN:   LCALL DISP           ;主程序中只调用显示子程序
LJMP MAIN
;----------------------外部中断 1 服务程序
INT_1:  PUSH A               ;保护现场，寄存器 A 和 DPTR 需要保护
PUSH DPL
PUSH DPH
MOV DPTR,#7FF8H              ;ADC0809 的地址
MOVX A,@DPTR                 ;读取 A/D 转换结果
MOV B, #5
MUL AB                       ;乘以参考电压 5
MOV 41H, B                   ;B 中所存为电压整数部分
MOV B, #100
MUL AB                       ;乘以 100
MOV A, B                     ;右移八位相当于除以 256
MOV B, #10                   ;转换成 BCD 码用于显示
DIV AB
MOV 42H, A                   ;小数点后第一位存入 42H
MOV 43H, B                   ;小数点后第二位存入 43H
MOVX @DPTR,A                 ;再次启动 A/D 转换
POP DPH                      ;恢复现场
POP DPL
POP A
RETI
;----------------------显示子程序
DISP:   SETB P3.0            ;熄灭三位数码管
SETB P3.1
SETB P3.2
MOV DPTR,#SEGTAB             ;字形表首地址送 DPTR
CLR P3.2                     ;选中低位数码管
MOV A,43H                    ;取小数点后第二位数
MOVC A,@A+DPTR               ;查小数点后第二位字形码
MOV P1,A                     ;小数点后第二位字形码送 P1 口
LCALL DELAY                  ;延时
SETB P3.2                    ;熄灭小数点后第二位数码管
CLR P3.1
```

```
        MOV A,42H
        MOVC A,@A+DPTR
        MOV P1,A
        LCALL DELAY
        SETB P3.1
        MOV DPTR, #SEGTAB2          ;带小数点的段码表
        CLR P3.0
        MOV A,41H
        MOVC A,@A+DPTR             ;查字形表
        MOV P1,A
        LCALL DELAY
        SETB P3.0
        RET
;---------------------延时子程序
DELAY:  MOV R0,#0FFH
        DJNZ R0,$
        RET
;---------------------数码管字形表
SEGTAB: DB C0H,F9H,A4H,B0H,99H,92H   ;0,1,2,3,4,5
        DB 82H,F8H,80H,90H,FFH,BFH   ;6,7,8,9, ,-
SEGTAB2: DB 40H,79H,24H,30H,19H      ;0.,1.,2.,3.,4.
        DB 12H,02H,78H,00H,10H       ;5.,6.,7.,8.,9.
```

技能实训二 制作电子温度计

温度的测量和显示，在我们的日常生活中随处可见，如空调、冰箱、家用万年历等。下面我们分别使用模拟温度传感器和数字温度传感器来制作电子温度计。

实训目的

（1）掌握对非电量信号的采集方法。

（2）掌握数据处理的方法。

实训任务

通过模拟温度传感器 LM35 采集当前温度，将非电量的温度信号转换成模拟电压信号，并由 ADC0809 进行模/数转换后送至单片机，单片机将转换的数字量换算成其对应的温度值，由三位数码管以十进制的形式显示。

实训内容

一、LM35 集成电路温度传感器

温度传感器 LM35 是精密集成电路温度传感器，它能将非电量的温度信号转换成电压信号。LM35 的输出电压与摄氏温度成线性比例，测量精度可以精确到 1 位小数，且体积小、成本低、工作可靠，广泛应用于工作场合及日常生活中。其典型应用如图 8-16 所示。

由 LM35 的数据手册可知：LM35 每升高 1℃输出电平提高 10mV，0～100℃时输出电平对应为 0～1V。因此得出：

$$U_O = 0.01T$$

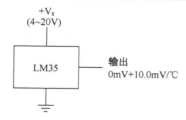

图 8-16 LM35 典型应用电路

ADC0809 参考电压为 5V，为了提高测量精度，我们可以对 LM35 输出的电压放大 5 倍之后再进行模/数转换，电路如图 8-17 所示。

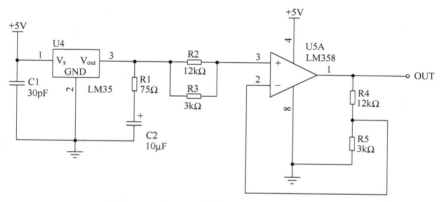

图 8-17 对 LM35 输出电压放大 5 倍的电路

采用 5 倍放大的计算公式为：

$$\frac{U_O}{1} = \frac{X}{255}$$

$$\frac{0.01T}{1} = \frac{X}{255}$$

$$T = \frac{100X}{255}$$

其中 T 为当前温度，X 为 ADC 采样得到的二进制值。

二、硬件电路设计

基于 LM35 的电子温度计电路与数字电压表电路非常相似，它是在数字电压表电路的基础上增加了由模拟温度传感器 LM35 构成的温度采集电路，组成方框图如图 8-18 所示。

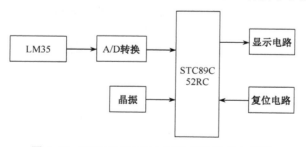

图 8-18 基于 LM35 的电子温度计组成方框图

1）显示电路

显示电路部分仍采用图 8-10 所示的数字电压表的显示电路。

2）LM35 及模/数转换电路

LM35 及模/数转换电路如图 8-19 所示。

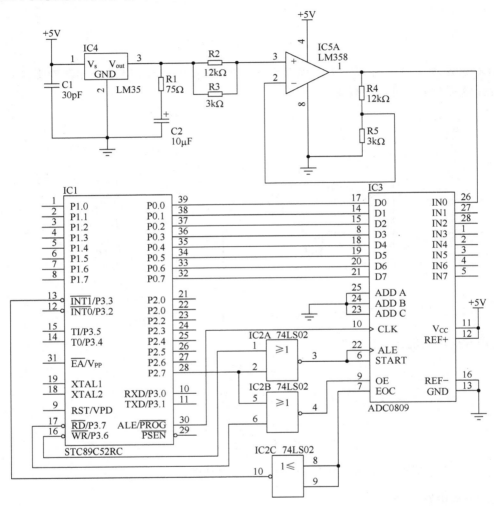

图 8-19　LM35 及模/数转换电路

三、程序设计

电子温度计的程序与数字电压表的程序也非常相似，不同的是将数字量换算成温度值，所有的公式不一样：

$$温度\ T = \frac{100X}{255}$$

电子温度计的参考程序如下：

```
ORG 0000H
LJMP MAIN
ORG 0013H            ;外部中断 1 入口地址
```

```
       LJMP INT_1              ;转移到外部中断 1 的服务程序 INT-1
       ORG 2000H
       START:  MOV SP, #70H    ;初始化堆栈指针
       SETB IT1                ;设定中断方式为下降沿触发
       SETB EX1                ;开外部中断 1
       SETB EA                 ;开总中断
       MOV DPTR,#7FF8H         ;ADC0809 通道 0 的地址
       MOVX @DPTR,A            ;启动 A/D 转换
       MAIN:   LCALL DISP      ;主程序中只调用显示子程序
       LJMP MAIN
;----------------------外部中断 1 服务程序
       INT_1:   PUSH A         ;保护现场，寄存器 A 和 DPTR 需要保护
       PUSH DPL
       PUSH DPH
       MOV DPTR,#7FF8H         ;ADC0809 通道 0 的地址
       MOVX A,@DPTR            ;读取 A/D 转换结果
       MOV B, #100
       MUL AB                  ;乘以 100
       MOV A,B                 ;右移八位相当于除以 256，得温度值
       MOV B, #100             ;转换成 BCD 码用于显示
       DIV AB
       MOV 41H,A               ;温度值的百位存入 41H
       MOV A,B
       MOV B,#10
       DIV AB
       MOV 42H, A              ;温度值的十位数存入 42H
       MOV 43H, B              ;温度值的个位数存入 43H
       MOVX @DPTR,A            ;再次启动 A/D 转换
       POP DPH                 ;恢复现场
       POP DPL
       POP A
       RETI
;----------------------显示子程序
       DISP:   SETB P3.0       ;熄灭三位数码管
       SETB P3.1
       SETB P3.2
       MOV DPTR,#SEGTAB        ;字形表首地址送 DPTR
       CLR P3.2                ;选中低位数码管
       MOV A,43H               ;取温度值的个位
       MOVC A,@A+DPTR          ;查字形码
       MOV P1,A                ;显示温度值的个位
       LCALL DELAY             ;延时
       SETB P3.2               ;熄灭（消隐）
       CLR P3.1                ;选中第 2 位数码管
       MOV A,42H               ;取温度值的十位
       MOVC A,@A+DPTR
       MOV P1,A
       LCALL DELAY
```

```
      SETB P3.1
      CLR P3.0                           ;选中第 3 位数码管
      MOV A,41H                          ;取温度值的百位
      MOVC A,@A+DPTR
      MOV P1,A
      LCALL DELAY
      SETB P3.0
      RET
      ;---------------------延时子程序
      DELAY:  MOV R0,#0FFH
      DJNZ R0,$
      RET
      ;---------------------数码管字形表
      SEGTAB: DB 0C0H,0F9H,0A4H,0B0H,99H,92H      ;0,1,2,3,4,5
      DB 82H,0F8H,80H,90H,0FFH,0BFH              ;6,7,8,9, ,-
```

项目评价

	项目检测	分值	评分标准	学生自评	教师评估	项目总评
任务知识内容	①简述 MCS-51 单片机系统的三总线结构	5	阐述正确			
	②画出 MCS-51 单片机系统扩展示意图	10	准确无误			
	③简述 ADC0809 的结构和各引脚功能	10	阐述正确			
	④画出 ADC0809 与 MCS-51 单片机两种常用的连接图	10	电路图连接正确			
	⑤数字电压表电路的制作（含程序）	20	能够完成制作			
	⑥程序调试和烧写	15	调试无误			
安全操作	①正确开关计算机	5	操作正确			
	②工具、仪器仪表的使用及放置	5	操作正确，摆放整齐，无损坏现象			
现场管理	出勤、纪律、卫生及团队协作精神	20	出勤情况、现场纪律、协作精神			

项目小结

（1）A/D 转换电路能够将现场接收的各种模拟信号转换为单片机能够处理的数字信号，它是单片机应用系统中的重要组成部分。

（2）如何选用合适的 A/D 转换芯片，需要了解衡量 A/D 转换器转换质量的性能指标。

（3）本项目重点介绍了 ADC0809 的内部结构、引脚功能、工作过程及接口电路，熟练掌握 ADC0809 的知识是电路设计与程序编写的关键。

（4）由于单片机的内部 ROM、RAM 的容量及I／O 接口的数量等资源有限，在实际的应用场合，不能满足用户的要求，必须在片外做相应的扩展，因而需要了解单片机的系统总线及总线结构。

（5）在现场处理过程中，模数转换是常见且必须掌握的技能，通过学习数字电压表的制作，对于理清思路、熟练掌握相应程序的编写将很有帮助。

思考与练习

1．什么是模数转换？在单片机应用控制系统中，模数转换是如何运用的？

2．ADC0809 的参考电压在转换中的作用是什么？

3．试述 A/D 转换器的种类及转换原理。

4．量化模拟输入电压范围 0~3V，编码位数为 5 位。试求：

（1）最小量化单位是多少？

（2）当 V=1.25V 时，二进制编码是多少？

（3）如果二进制编码是 11100，那么对应的电压范围是多少？

5．对应单极性输入的 A/D 转换器，如何实现双极性输入？

6．关于小数点的显示，在本项目的程序设计中采用了带小数点的段码表，是否还有其他方法来显示小数点？

项 目 九

串行通信口的应用

在单片机系统中，经常需要将单片机的数据交给 PC 来处理，或者将 PC 的一些数据交给单片机来执行，这就需要单片机和 PC 之间进行通信。下面我们就来制作简单的单片机与 PC 的收发电路。

知识目标

（1）了解 MCS-51 单片机串行口。
（2）了解 MCS-51 单片机的工作方式。
（3）掌握 RS-232 电平转换电路。

技能目标

（1）掌握 MCS-51 单片机串行口收发程序的编写要点。
（2）学会单片机与 PC 收发电路的制作。

项目基本知识

知识一 认识 MCS-51 单片机的串行通信口

一、串行通信的基本知识

1. 并行通信与串行通信

在实际应用中，不但单片机与外设之间常常要进行信息交换，而且单片机与单片机之间、单片机与计算机之间也需要交换信息，所有这些信息的交换称为"通信"。

通信的基本方式分为并行通信和串行通信两种。

1）并行通信

并行通信是构成 1 组数据的各位同时进行传送，例如 8 位数据或 16 位数据并行传送。其示意图如图 9-1（a）所示。其特点是传输速率高，但当距离较远、位数又多时，通信线路复杂且成本很高。

2）串行通信

串行通信是数据一位接一位地顺序传送。其示意图如图 9-1（b）所示。其特点是通信线路简单，只要一对传输线就可以实现通信（如电话线），从而大大地降低了成本，特别适用于远距离通信。缺点是传输速率低。

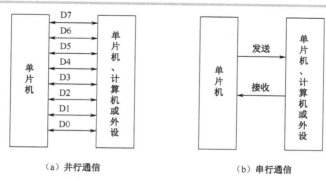

（a）并行通信　　　　（b）串行通信

图 9-1　通信的两种基本方式

2. 数据格式和波特率

在串行异步传送中，CPU 与外设之间事先必须约定数据格式和波特率。

（1）数据格式。双方要事先约定传送数据的编码形式、奇偶校验形式及起始位和停止位的规定。例如常用的串行通信，有效数据为 8 位，加 1 个起始位和 1 个停止位共 10 位。

（2）波特率。波特率就是数据传送的速率，即每秒传送的二进制数的位数，单位是位/秒或 b/s、bps。

例如，每秒传送 120 个字符，每个字符 10 位，则传送的波特率为 1200bps。

要实现单片机之间及单片机和计算机之间的通信，就必须使双方的波特率一致。单片机和计算机串行通信中常用的波特率有 1200bps，2400bps，4800bps，9600bps，19200bps。

3. 数据传送方向

串行通信的数据传送方向有 3 种形式。

（1）单工方式。如图 9-2（a）所示，设备 A 有一个发送器，设备 B 有一个接收器，数据只能从 A 发送至 B。

（2）半双工方式。如图 9-2（b）所示，设备 A 有一个发送器和一个接收器，设备 B 也有一个发送器和一个接收器，但由于只有一条线路，同一时间只能进行 1 个方向的传送。

（3）全双工方式。如图 9-2（c）所示，设备 A 和 B 都既可同时发送，也可同时接收。

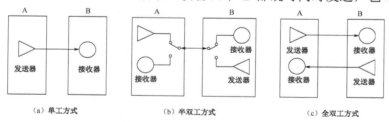

（a）单工方式　　　　　（b）半双工方式　　　　　（c）全双工方式

图 9-2　串行通信的三种方式

二、MCS-51 单片机的串行通信口

1. MCS-51 单片机串行口的结构

MCS-51 单片机内部有 1 个功能强大的全双工串行口，可同时发送和接收数据。它有 4 种工作方式，可供不同场合使用。波特率由软件设置，通过内部的定时器 T1 产生。接收、发送均可工作在查询方式或中断方式，使用非常灵活。

MCS-51 单片机串行口的结构如图 9-3 所示。它有两个独立的发送、接收缓冲器 SBUF，1 个用做发送，只能写入不能读出，1 个用做接收，只能读出不能写入。串行口对外通过发送信号线 TXD（P3.1）和接收信号线 RXD（P3.0）实现全双工通信。

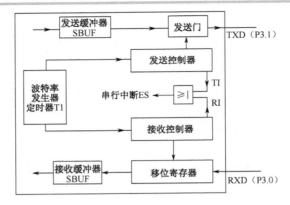

图 9-3　MCS-51 单片机串行口结构

2. 与串行通信相关的特殊功能寄存器

对串行通信的编程，关键是对相关寄存器进行合理的设置和读写。在串行口的应用中经常用到的寄存器有以下几个。

1）串行数据缓冲寄存器 SBUF

在 MCS-51 单片机中，串行接收缓冲器和串行发送缓冲器在物理上是两个独立的、不同的寄存器，但寄存器名都是 SBUF。由于发送缓冲器只能写入，不能读出，因此只要将数据写入 SBUF，操作对象就是发送缓冲器，即可将数据一位一位地向外发送。而接收缓冲器只能读出，不能写入，当接收端一位一位地接收完一个完整的数据后，就会放入接收缓冲器，然后通过串行中断标志位 RI 通知 CPU，这时通过指令读 SBUF 的数据，操作对象就是接收缓冲器。

当需要发送一个数据时，只要把数据写入 SBUF 寄存器即可，当发送完 1 个完整的数据后，系统会自动将发送中断标志位 TI 置 1，发送程序如下：

```
MOV SBUF,30H;      //把数据送入 SBUF 即可自动开始发送
JNB TI,$;          //等待发送完成
CLR TI;            //发送完成后 TI 自动置 1，需要软件清 0
```

收到一个完整的数据后，系统会自动将接收中断标志位 RI 置 1。可以通过查询方式或者中断方式将接收到的数据从 SBUF 寄存器中读出，查询方式接收数据的程序如下：

```
       JNB RI,NEXT      //RI 等于"0"跳过，等于"1"读数据
       CLR RI           //RI 需要软件清 0
       MOV A,SBUF       //读出数据并送给 A
NEXT:
```

中断方式接收数据的程序如下：

```
INT_S:                  //串行中断服务函数
JNB RI,NEXT             //RI 等于"0"直接中断返回，等于"1"读数据
CLR RI                  //RI 需要软件清 0
MOV A,SBUF              //读出数据送给 A
NEXT:   RETI            //中断返回
```

2）串行口控制寄存器 SCON

SCON 寄存器用来控制串行口的工作方式和状态，它可以位操作，也可以字节操作。在复位时所有的位被清 0。SCON 各位含义见表 9-1。

表 9-1 串行口控制寄存器 SCON 各位含义和功能

SCON 位	D7	D6	D5	D4	D3	D2	D1	D0
位 名 称	SM0	SM1	SM2	REN	TB8	RB8	TI	RI
功 能	工作方式选择		多机通信控制位	串行接收允许位	待发送的第 9 位数据	接收到的第 9 位数据	发送中断标志位	接收中断标志位

SM0、SM1：串行口工作方式选择位。串行口有 4 种工作方式，它是由 SM0、SM1 来定义的，见表 9-2。

表 9-2 串行口工作方式选择

SM0 SM1	工 作 方 式	说 明	波 特 率
0　0	方式 0	8 位同步移位寄存器	$f_{osc}/12$
0　1	方式 1	波特率可变的 10 位异步串行通信方式	可变
1　0	方式 2	波特率固定的 11 位异步串行通信方式	$f_{osc}/64$ 或 $f_{osc}/32$
1　1	方式 3	波特率可变的 11 位异步串行通信方式	可变

说明：f_{osc} 为系统振荡频率。

SM2：多机通信控制位。主要用于工作方式 2 和方式 3。在方式 2 和方式 3 中，如 SM2=1，则接收到的第 9 位数据 RB8 为 "0" 时不将接收中断标志位 RI（即 RI=0）置位，并将接收到的数据丢弃；RB8 为 "1" 时，才将接收到的数据送入 SBUF，并将 RI 置位产生中断请求。当 SM2=0 时，不论 RB8 为 "0" 或 "1"，都将接收到的数据送入 SBUF，并将 RI 置位产生中断请求。在方式 0 和方式 1 时，SM2 必须为 "0"。

REN：允许串行接收控制位。若 REN=0，则禁止接收；若 REN=1，则允许接收。因此，可通过软件使 REN 置 "1" 或清 "0"，允许或禁止串行口接收数据。

TB8：发送的数据的第 9 位。在方式 2、方式 3 中，TB8 为所要发送的第 9 位数据。在多机通信中，以 TB8 位的状态表示主机发送的是地址还是数据，TB8=0 为数据，TB8=1 为地址。其也做用做奇偶校验位。

RB8：接收的数据的第 9 位。在方式 2、方式 3 中，它是接收到的第 9 位数据，可作为数据/地址的标志，也可作为奇偶校验位。在方式 1 时作为停止位，在方式 0 时，不使用 RB8。

TI：发送中断标志位。当串行发送完 1 个完整数据后，TI 自动置 "1"，向 CPU 请求中断。CPU 响应中断后，必须用软件将 TI 清 "0"。

RI：接收中断标志位。当接收到一帧有效数据后，RI 自动置 1，向 CPU 请求中断，CPU 可以读取存放在接收缓冲器 SBUF 中的数据。CPU 响应中断后，必须用软件将 RI 清 "0"。RI 也可供查询使用。

说明：SCON 各位的含义理解起来比较抽象，但实际上方式 0 主要用于同步通信，方式 2、3 用于主从多机通信，这 3 种方式在实际应用中很少用到。在实际应用中使用较为广泛的是方式 1，这时，如果禁止单片机接收串口数据，则设置 SCON=40H，如果允许单片机接收串口数据，则设置 SCON=50h。

3）电源控制寄存器 PCON

PCON 主要是为单片机的电源控制而设置的特殊功能寄存器，它只能字节操作而不能位操

作。PCON 格式见表 9-3。

表 9-3　电源控制寄存器 PCON 的格式

PCON 位	D7	D6	D5	D4	D3	D2	D1	D0
位 名 称	SMOD				GF1	GF0	PD	IDL

PCON 和串行通信有关的只有最高位 SMOD，SMOD 为串行口波特率选择位，当 SMOD=0 时，波特率不变，当 SMOD=1 时，方式 1、2、3 的波特率加倍。

3. 串行通信的波特率

由表 9-2 可知，串行通信的 4 种工作方式对应着 3 种波特率。

（1）对于方式 0，波特率是固定的，为单片机时钟频率的十二分之一，即 $f_{osc}/12$。

（2）对于方式 2，波特率有两种选择，当 SMOD=0 时，波特率= $f_{osc}/64$；当 SMOD=1 时，波特率加倍，波特率= $f_{osc}/32$。

（3）对于方式 1 和方式 3，波特率由定时器 T1 的溢出率和 SMOD 位决定，对应以下公式：

$$波特率 = (2^{SMOD}/32) \times (定时器 T1 的溢出率)$$

而定时器 T1 的溢出率则和所采用的定时器的工作方式及计数初值有关，公式如下：

$$定时器 T1 的溢出率 = f_{osc}/12 \times (2^n - X)$$

其中 X 为定时器 T1 的计数初值，n 为定时器 T1 的位数。

为了避免重装初值造成的定时误差，定时器 T1 最好工作在可自动重装初值的方式 2（位数 n=8），并禁止定时器 T1 中断。TH1 是它自动加载的初值，所以设定 TH1 的值就能改变波特率。

单片机串行通信中常用的波特率为 1200 bps、2400 bps、4800 bps、9600 bps、…，如果使用 12MHz 或 6MHz 的晶振，计算得出的 T1 的计数初值不是一个整数，这样产生的波特率便会产生误差，影响串行通信的性能。通常采用 11.0592MHz，用它计算出的 T1 定时初值总是整数，可以产生非常准确的波特率。表 9-4 列出了采用 11.0592MHz 的晶振、串口方式 1、定时器 1 方式 2 时，常用波特率对应的 TH1 中所装入的初值。

表 9-4　常用波特率初值表

TH1	PCON	波 特 率
E8H	00H	1200
	80H	2400
F4H	00H	2400
	80H	4800
FAH	00H	4800
	80H	9600
FDH	00H	9600
	80H	19200

本书配套资料中有一个定时器初值、波特率计算工具，可以方便地在任意晶振频率下由波特率计算定时器初值或由定时器初值计算波特率，其界面如图 9-4 所示。

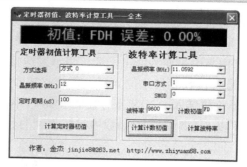

图 9-4 定时器初值、波特率计算工具

注意：只有定时器 T1 才可以作为波特率发生器，定时器 T0 不能作为波特率发生器，对于增强型的 52 子系列单片机，如 STC89C52RC 中增加了一个定时器 T2，也可以作为波特率发生器。

4. 串行口的工作方式

MCS-51 单片机共有 4 种工作方式。通常单片机与单片机串口通信、单片机与计算机串口通信、计算机与计算机串口通信时，基本都使用方式 1，因此方式 1 大家要做重点掌握。

1）方式 0

串行口工作于方式 0 时，串行口本身相当于"并入串出"（发送状态）或"串入并出"（接收状态）的移位寄存器。8 位串行数据 D0～D7（低位在前）依次从 RDX（P3.0）引脚输出或输入，同步移位脉冲信号由 TXD（P3.1）引脚输出，波特率为系统时钟频率 f_{osc} 的 12 分频，不可改变。

2）方式 1

串行口工作在方式 1 时为波特率可变的 10 位异步通信接口。数据由 RXD（P3.0）引脚接收，TXD（P3.1）引脚发送。发送或接收一帧信息包括 1 位起始位（固定为 0）、8 位串行数据（低位在前、高位在后）和 1 位停止位（固定为 1）共 10 位，一帧数据格式如图 9-5 所示。波特率与定时器 T1（或 T2）溢出率、SMOD 位有关（可变）。

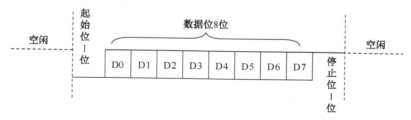

图 9-5 串行口方式 1 传送数据格式

方式 1 的发送过程如下：

在 TI 为 0 的情况下（表示串行口发送控制电路处于空闲状态），任何写串行发送缓冲器 SBUF 指令（如 MOV SBUF,30H）均会触发串行发送过程。当 8 位数据发送结束后（开始发送停止位）时，串行口自动将发送结束标志 TI 置"1"，表示发送缓冲区内容已发送完毕。这样执行了写 SBUF 寄存器操作后，可通过查询 TI 标志来确定发送过程是否已完成。如果中断处于开放状态下，TI 有效时，将产生串行中断。

方式 1 的接收过程如下：

在接收中断标志 RI 为 0（串行接收缓冲器 SBUF 处于空闲状态）的情况下，当寄存器 SCON 的 REN 位为 1 时，串行口即处于接收状态。在接收状态下，串行口便不断检测 RXD 引脚的电平状态，当发现 RXD 引脚由高电平变为低电平后，表示发送端开始发送起始位（0），启动接收过程。当接收完一帧信息（接收到停止位）后，便将"接收移位寄存器"中的内容装入串行接收缓冲器 SBUF 中，停止位装入 SCON 寄存器的 RB8 位中，并将串行接收中断标志 RI 置"1"，向 CPU 请求中断，可以在中断服务子函数中将接收到的数据从串行接收缓冲器 SBUF 中取走（如指令 a=SBUF;）。

说明：在 CPU 响应串行中断后，需要通过判断是 TI=1 还是 RI=1 来确定是发送数据引起的中断还是接收数据引起的中断。特别需要注意的是 CPU 响应串行中断后，不会自动清除 TI 和 RI，均须通过软件将 TI 或 RI 清"0"。

3）方式 2、3

方式 2、3 都是 11 位异步串行通信口。TXD（P3.1）为数据发送引脚，RXD（P3.0）为数据接收引脚。这两种方式下，1 位起始位，9 位数据（其中含 1 位附加的第 9 位，发送时为 SCON 中的 TB8，接收时为 RB8），1 位停止位，一帧数据共 11 位。

方式 2、3 的唯一区别是方式 2 的波特率固定为时钟频率的 32 分频或 64 分频，不可调。而方式 3 的波特率与 T1（或 T2）定时器的溢出率、电源控制寄存器 PCON 的 SMOD 位有关，可调。选择不同的初值或晶振频率，即可获得常用的波特率，因此方式 3 较常用。

议一议：

（1）什么是并行通信和串行通信？它们各有什么优缺点？

（2）在 MCS-51 单片机中，串行接收缓冲器和串行发送缓冲器的名字都是 SBUF，然而它们却是两个完全没有关系的寄存器，CPU 是怎么区分它们的？

知识二　单片机与 PC 的通信

要实现单片机与 PC 的通信，存在两个关键的问题：一是电平匹配，二是数据编码。因为单片机使用的是 TTL 电平，PC 使用的是 RS-232 电平，两者定义不同，需要进行电平转换才能传输；另外，PC 对数据的接收、发送和存储均采用 ASCII 编码的形式，编写单片机程序，当发送数据时，需要将数据转换成 ASCII 的形式再发送，当接收数据时，需要把接收到的 ASCII 形式的数据转换成十六进制（二进制）数。

一、RS-232 串口电平特性及接口标准

前面所用到的单片机输入输出的电平，高电平为+5V，低电平为 0V，我们定义为 TTL 电平。而计算机与通信工业中广泛应用 RS-232 串行接口，RS-232 标准规定发送数据线 TXD 和接收数据线 RXD 均采用 EIA 电平，它是一种负逻辑电平，用正负电压来表示逻辑状态，定义高电平为-12V，低电平为+12V。这就意味单片机和 PC 的电平不匹配，需要进行电平转换才能进行通信。

目前 RS-232 是 PC 与通信工业中应用最广泛的一种串行接口，能够在低速率串行通信中增加通信距离。

RS-232 采取不平衡传输方式，即所谓单端通信。收、发端的数据信号是相对于信号地的。

9 针串口引脚定义如图 9-6 所示。

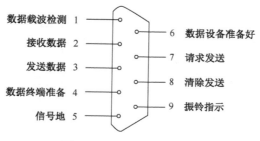

图 9-6 9 针串口引脚定义

二、TTL 电平与 EIA 电平的转换

由于单片机使用 TTL 电平，计算机使用 EIA 电平，要实现两者之间通信，必须进行 TTL 电平与 EIA 电平的转换。实现这种转换的电路可用分立元件，也可用集成电路。目前较为广泛地使用集成电路转换器件，如 MC1488、SN75150 芯片可完成 TTL 电平到 EIA 电平的转换，而 MC1489、SN75154 可实现 RS-232 电平到 TTL 电平的转换。MAX232 芯片可完成 TTL 电平到 EIA 电平双向相互转换。

MAX232 芯片是美信公司专门为计算机的 RS-232 标准串口设计的接口电路，使用+5V 单电源供电。其引脚及内部结构如图 9-7 所示。其内部基本可分为三部分。

第一部分是电荷泵电路。由 1、2、3、4、5、6 脚和 4 只电容构成。功能是产生+12V 和-12V 两个电源，提供给 RS-232 串口。

第二部分是数据转换通道。由 7、8、9、10、11、12、13、14 脚构成两个数据通道。其中 13 脚（R1IN）、12 脚（R1OUT）、11 脚（T1IN）、14 脚（T1OUT）为第一数据通道。8 脚（R2IN）、9 脚（R2OUT）、10 脚（T2IN）、7 脚（T2OUT）为第二数据通道。TTL/CMOS 数据从 T1IN、T2IN 输入转换成 RS-232 数据从 T1OUT、T2OUT 送到计算机 DP9 插头；DP9 插头的 RS-232 数据从 R1IN、R2IN 输入转换成 TTL/CMOS 数据后从 R1OUT、R2OUT 输出。

第三部分是供电。15 脚 GND、16 脚 V_{CC}（+5V）。

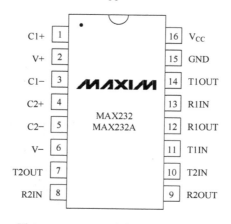

图 9-7 MAX232 引脚及内部结构（续）

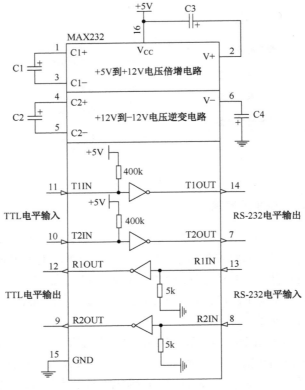

图 9-7 MAX232 管脚及内部结构

三、单片机与 PC 串行接口电路

单片机与 PC 串行接口电路如图 9-8 所示。单片机的发送脚（TXD）经电平转换后接计算机的接收脚（RXD），单片机的接收脚（RXD）经电平转换后接计算机的发送脚（TXD）。

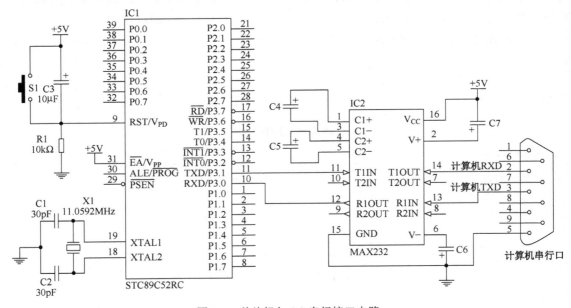

图 9-8 单片机与 PC 串行接口电路

议一议：

什么是 TTL 电平，什么是 EIA 电平？两者之间有什么异同点？单片机与 PC 进行通信时为什么要进行电平转换？

项目技能实训

技能实训 制作单片机与 PC 串行口通信电路

实训目的

（1）掌握电平转换芯片 MAX232 的功能和使用方法。
（2）会设计制作单片机与 PC 串行口收发电路。
（3）会编写单片机与 PC 串行口的收发程序。

实训任务

制作一个简单的单片机与 PC 的收发电路，要求每按一次接在单片机 P1.7 脚的按键 S2，将 0～9 之间的一个数字以 ASCII 码的形式发送给 PC，并使数字加 1；以中断的方式接收 PC 发送来的 0～9 中的数字并在数码管上显示。

实训内容

一、硬件电路制作

硬件电路主要由发送按键、1 位静态数码管显示电路及电平转换电路等组成。其组成方框图如图 9-9 所示。

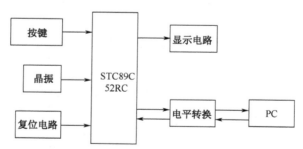

图 9-9 单片机与 PC 收发电路方框图

1. 电路原理图

根据任务要求，单片机与 PC 串口通信电路如图 9-10 所示。注意时钟电路一定要选用 11.0592MHz 的晶振。

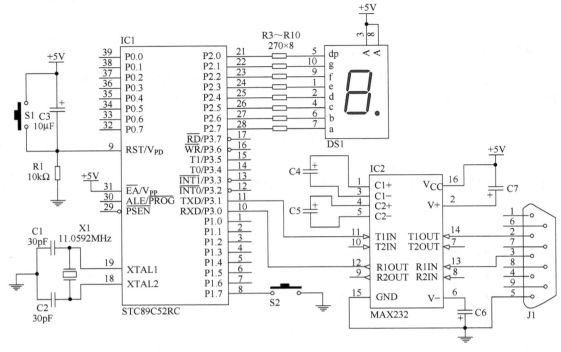

图 9-10　单片机与 PC 串口通信电路

2. 元件清单

单片机与 PC 串口通信电路元件清单见表 9-5。

表 9-5　单片机与 PC 机串口通信电路元件清单

代　号	名　称	规　格
R1	电阻	10kΩ
R3～R10	电阻	270Ω
DS1	数码管	共阳型
C1、C2	瓷介电容	30pF
C3	电解电容	10μF
C4～C7	电解电容	1μF
S1、S2	轻触按键	
X1	晶振	11.0592MHz
IC1	单片机	STC89C52
IC2	集成电路	MAX232
J1	串口接头	DB9（母头）
	IC插座	40 脚

3. 电路组装

单片机与 PC 串口通信电路装接图如图 9-11 所示。

图 9-11 中的 DB9 串口接头采用母头，如图 9-12（a）所示；单片机系统和计算机通过串口线连接，串口线如图 9-12（b）所示；单片机系统与 PC 的连接如图 9-12（c）所示。

图 9-11 单片机与 PC 串口通信电路装接图

（a）DB9 串口接头   （b）串口线   （C）与 PC 的连接

图 9-12 DB9 串口接头及与 PC 机的连接

注意：目前市场上出售的串口线有平行线和交叉线两种，所谓平行线是指串口线两端的 2 脚和 2 脚相连、3 脚和 3 脚相连，交叉线是指串口线一端的 2 脚连接另一端的 3 脚、3 脚连接另一端的 2 脚。那么实际使用中是选择平行线呢还是选择交叉线呢？这要看单片机系统板上 DB9 串口接头和 MAX232 的接法，例如图 9-10 中 MAX232 的 14 脚（T1OUT 发送端）最终要连接计算机的串口接头的 2 脚（接收端），而系统板上连的是 J1 的 2 脚，则和计算机相连时就采用平行串口线。

二、程序设计

计算机的上位机软件使用串口调试精灵（见本书配套资料）来接收、显示单片机发送来的数据，并实现向单片机发送数据。

软件部分可以分为以下几个模块。

初始化程序：主要完成通信方式设置、波特率设置、中断设置等。

主程序：主要完成检测按键是否按下、等待中断请求等。

中断服务程序：从 SBUF 中读取数据并转换成十六进制由数码管显示。

1. SCON 的取值

串行口工作方式采用方式 1，并设置 REN 位为"1"，允许接收，故 SCON 取值：50H。

2. TMOD 的取值

定时器 T1 作为波特率发生器，采用工作方式 2，可以避免计数溢出后用软件重装定时初值，故 TMOD 取值：20H。

3. 计数初值的计算

计数初值可通过公式计算、查表或定时器初值计算工具得到，取值：FDH。

本例中串口调试精灵实际收发效果如图 9-13 所示。

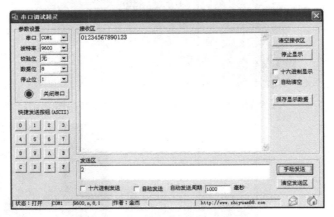

图 9-13　串口调试精灵实际收发效果

由于 MCS-51 单片机串行中断请求 TI 或 RI 合为一个中断源，响应中断以后，通过检测是否是 RI 位引起的中断来决定是否接收数据，发送数据则通过调用发送子程序来完成，欲发送的数存放在 30H 单元中。

单片机程序流程图如图 9-14 所示。

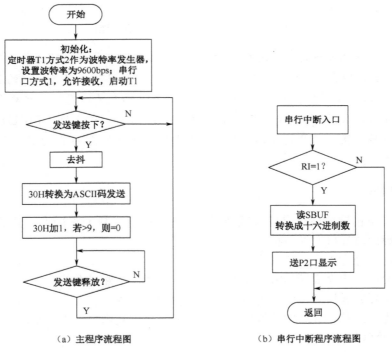

（a）主程序流程图　　　　　（b）串行中断程序流程图

图 9-14　单片机程序流程图

根据流程图编写参考程序如下：

```
ORG 0000H
LJMP START
ORG 0023H
LJMP SIN
;*********************主程序
START:  MOV TMOD,#20H        ;定时器 T1 设为方式 2
MOV TL1,#0FDH               ;装入定时器初值
MOV TH1,#0FDH               ;8 位重装值
SETB TR1                    ;启动定时器 T1
MOV SCON,#50H               ;串行口设为方式 1，允许接收
SETB EA                     ;开总中断
SETB ES                     ;开串行中断
MOV 30H,#0                  ;发送初值为 0
MOV DPTR,#TAB               ;段码表首地址送 DPTR
MAIN:   SETB P1.7           ;P2.7 设为输入
JB P1.7,MAIN
LCALL DELAY                 ;延时去抖
JB P1.7,MAIN
LCALL SOUT                  ;调用发送子程序
NEXT:   JNB P1.7,NEXT       ;等待按键释放
LJMP MAIN
;*********************串行中断服务程序
SIN:    PUSH ACC
        JNB RI,FANHUI       ;判断是否为接收引起的中断
MOV A,SBUF                  ;从接收缓冲器读入数据
CLR C   ;清除 Cy
SUBB A,#30H                 ;减 30H 将 ASCII 码转换成十六进制数
MOVC A,@A+DPTR
MOV P2,A                    ;送 P2 口显示
CLR RI
FANHUI:             POP ACC
       RETI
       ;*********************发送子程序
SOUT:   MOV A,30H
        ADD A,#30H          ;加 30H 将十六进制数转换成 ASCII 码
        MOV SBUF,A          ;把数据写入发送缓冲器发送
        JNB TI,$            ;等待发送完成
        CLR TI              ;TI 清 0
        MOV A,30H
        INC A
        MOV 30H,A
        CJNE A,#10,RETURN
        MOV 30H,#0          ;如果等于 10，重新送 0
RETURN :RET
                            ;延时 10ms 子程序
DELAY: MOV R6,#64H
```

```
D1:     MOV R5,#0EH
NOP
D2:     NOP
NOP
DJNZ R5,D2
DJNZ R6,D1
RET
TAB:DB 0C0H,0F9H,0A4H,0B0H,99H,92H,82H,0F8H,80H,90H ;共阳型字形码表
END
```

说明：计算机对数据的接收、发送和存储均采用 ASCII 码的形式，如要向计算机发送字符 2，则须向计算机发送 2 的 ASCII 码，即 32H。在单片机系统中发送 ASCII 码有两种方法：第一，对于数字 0～9，只要加上 30H（十进制数 48）即是其对应的 ASCII 码，对于其他字符，需要查阅 ASCII 表；第二，对于所有字符，只要加上引号，如'2'，就会自动编译为 ASCII 码。同理，从 PC 接收到的数据均为 ASCII 码，需要转换成十六进制数，对于 0～9 的 ASCII 码，减去 30H 即可得到对应的十六进制数。

知识拓展

一、纠错技术

串行数据在传输过程中，由于干扰可能引起信息的出错，例如，传输字符 E，其各位为：

$$01000101＝45H$$

由于干扰，可能使位变为 1，这种情况称为出现了误码。我们把如何发现传输中的错误叫做检错；把发现错误后，如何消除错误叫做纠错。

纠错的方法很多，在光盘技术中可以将由于光盘损伤造成的大面积错误进行检出并加以消除。

最简单的纠错方法是奇偶校验，即在传送字符的各位之外，再传送 1 位奇/偶校验位。可采取奇校验或偶校验。

（1）奇校验：所有传送的数位（含字符的各位和校验位）中，1 的个数为奇数。

例如：1 10101010

0 01010100

（2）偶校验：所有传送的数位（含字符的各位和校验位）中，1 的个数为偶数。

例如：1 10101010

0 01010100

需要说明的是，奇偶校验的纠错能力有限，对于要求较高的场合，需要采取复杂的算法，感兴趣的读者可以参考有关书籍。

二、RS-232 串行接口标准

目前 RS-232 是 PC 与通信工业中应用最广泛的一种串行接口。RS-232 被定义为一种在低速率串行通信中增加通信距离的单端标准。

RS-232 采取不平衡传输方式，即所谓单端通信。收、发端的数据信号是相对于信号地的。9 针串口引脚和 25 针串口引脚定义见表 9-6。

表9-6 9针串口引脚和25针串口引脚定义

9针串口（DB9）			25针串口（DB25）		
针 号	功 能 说 明	缩 写	针 号	功 能 说 明	缩 写
1	数据载波检测	DCD	8	数据载波检测	DCD
2	接收数据	RXD	3	接收数据	RXD
3	发送数据	TXD	2	发送数据	TXD
4	数据终端准备	DTR	20	数据终端准备	DTR
5	信号地	GND	7	信号地	GND
6	数据设备准备好	DSR	6	数据设备准备好	DSR
7	请求发送	RTS	4	请求发送	RTS
8	清除发送	CTS	5	清除发送	CTS
9	振铃指示	DELL	22	振铃指示	DELL

典型的 RS-232 信号在正负电平之间摆动，在发送数据时，发送端驱动器输出正电平为 5～15V，负电平为-5～-15V。当无数据传输时，线上为 TTL，从开始传送数据到结束，线上电平从 TTL 电平到 RS-232 电平再返回 TTL 电平。接收器典型的工作电平是 3～12V 和 -3～-12V。由于发送电平与接收电平的差仅为 2～3V，所以其共模抑制能力差，再加上双绞线上的分布电容，其传送距离最大约为 15m，最高速率为 20kbps。

RS-232 是为只用一对收发设备通信而设计的，其驱动负载为 3～7kΩ。所以 RS-232 适合本地设备之间的通信。

RS-232 用正负电压来表示逻辑状态，与 TTL 以高低电平表示逻辑状态的规定不同。因此，为了能够同计算机接口或终端的 TTL 器件连接，必须在 RS-232 与 TTL 电路之间进行电平和逻辑关系的变换。实现这种变换可用分立元件，也可用集成电路芯片。目前较为广泛地使用集成电路转换器件，如 MC1488、SN75150 芯片可完成 TTL 电平到 EIA 电平的转换，而 MC1489、SN75154 可实现 EIA 电平到 TTL 电平的转换。MAX232 芯片可完成 TTL 电平到 EIA 的双向电平转换。

项目评价

	项目检测	分值	评分标准	学生自评	教师评估	项目总评
任务知识内容	简述 MCS-51 单片机串行口的结构	15	能正确叙述			
	绘制 MAX232 电平转换电路	15	能正确绘制			
	单片机与 PC 收发电路的制作	20	能完成制作			
	编写相应程序	30	能编写相应程序			
	安全操作	10	工具使用、仪表安全			
	现场管理	10	出勤情况、现场纪律、协作精神			

项目小结

（1）MCS-51 单片机内部有一个可编程的全双工串行通信电路，通过发送信号线 TXD（P3.1）

和接收信号线 RXD（P3.0）完成单片机与外部设备的串行通信。在串行口的应用中经常用到 SBUF、SCON 等寄存器，串行数据接收缓冲器和串行数据发送缓冲器是寄存器名同为 SBUF 的两个独立的寄存器，当需要发送一个数据时，只要把数据写入 SBUF 寄存器即可；接收数据时，直接从 SBUF 寄存器读出即可。

（2）当单片机与 PC 通信时，常常采用 PC 的 RS-232 的接口，RS-232 标准规定发送数据线 TXD 和接收数据线 RXD 均采用 EIA 电平，即传送数字 1 时，传输线上的电平为-3～-15V；传送数字 0 时，传输线上的电平为+3～+15V。因此不能直接与 PC 串口相连，必须经过电平转换电路进行逻辑转换。使用中常用可完成 TTL 电平到 EIA 电平双向电平转换的转换芯片 MAX232。

思考与练习

1. 数据通信有哪两种基本方式？各有何优缺点？
2. MCS-51 单片机串行口有哪几种工作方式？
3. 串行口工作在方式 0 时，哪个引脚用于发送数据？哪个引脚用于接收数据？串行口工作在方式 1～3 时，哪个引脚用于发送数据？哪个引脚用于接收数据？
4. 简述 TTL 电平和 EIA 电平的特点。

参 考 文 献

陈光绒. 单片机技术应用教程. 北京：北京大学出版社，2006.

张毅坤，陈善久，裘雪红. 单片微型计算机原理及应用. 西安：西安电子科技大学出版社，1998.

家用简易地震报警器. 电子报，2008：34.

反侵权盗版声明

电子工业出版社依法对本作品享有专有出版权。任何未经权利人书面许可，复制、销售或通过信息网络传播本作品的行为；歪曲、篡改、剽窃本作品的行为，均违反《中华人民共和国著作权法》，其行为人应承担相应的民事责任和行政责任，构成犯罪的，将被依法追究刑事责任。

为了维护市场秩序，保护权利人的合法权益，我社将依法查处和打击侵权盗版的单位和个人。欢迎社会各界人士积极举报侵权盗版行为，本社将奖励举报有功人员，并保证举报人的信息不被泄露。

举报电话：（010）88254396；（010）88258888

传　　真：（010）88254397

E-mail：　dbqq@phei.com.cn

通信地址：北京市万寿路 173 信箱

　　　　　电子工业出版社总编办公室

邮　　编：100036